金融数学专业基础教材

应用随机分析

王汉超　于志勇　编

高等教育出版社·北京

内容提要

本书针对金融数学研究需要的随机分析,在概述测度论基础之上,以通俗的语言阐明布朗运动及伊藤积分。本书是随机分析的入门教材,旨在介绍经典随机分析的最基本内容,主要包括预备知识、离散时间鞅、连续鞅与布朗运动、伊藤积分、伊藤公式及其应用、莱维过程初步。本书每章后面都配置了习题,且部分典型习题给出了详细解答,读者可扫描书中的二维码进行学习。

本书可作为数学类专业高年级本科生及统计学相关专业研究生的教材,也可供其他科研人员参考。

图书在版编目（CIP）数据

应用随机分析 / 王汉超，于志勇编 . -- 北京：高等教育出版社，2022.3

ISBN 978-7-04-057895-9

Ⅰ . ①应… Ⅱ . ①王… ②于… Ⅲ . ①随机分析 – 高等学校 – 教材 Ⅳ . ① O211.6

中国版本图书馆 CIP 数据核字（2022）第 019597 号

Yingyong Suiji Fenxi

| 策划编辑 | 胡　颖 | 责任编辑 | 胡　颖 | 封面设计 | 张　志 | 版式设计 | 李彩丽 |
| 插图绘制 | 黄云燕 | 责任校对 | 吕红颖 | 责任印制 | 耿　轩 | | |

出版发行	高等教育出版社	网　　址	http://www.hep.edu.cn
社　　址	北京市西城区德外大街4号		http://www.hep.com.cn
邮政编码	100120	网上订购	http://www.hepmall.com.cn
印　　刷	三河市吉祥印务有限公司		http://www.hepmall.com
开　　本	787mm×1092mm 1/16		http://www.hepmall.cn
印　　张	7.5		
字　　数	160千字	版　　次	2022 年 3 月第 1 版
购书热线	010-58581118	印　　次	2022 年 3 月第 1 次印刷
咨询电话	400-810-0598	定　　价	20.40元

本书如有缺页、倒页、脱页等质量问题，请到所购图书销售部门联系调换

版权所有　侵权必究

物　料　号　57895-00

前　言

20 世纪 30 年代, 苏联数学家柯尔莫哥洛夫建立了概率论的公理化体系, 使概率论得到了迅猛发展。随机过程作为概率论中的重要组成部分, 在经济、金融、生物、物理等领域得到了广泛的应用, 已经成为很多学科中不可缺少的研究内容。我国有很多高校开设随机过程课程。针对数学类专业本科生的随机过程课程, 其内容多数以马尔可夫链、泊松过程、分支过程为主, 鞅、布朗运动等为辅。依照此类体系, 许多优秀教材涌现出来。

随机分析是随机过程的重要组成部分, 在理论研究和实际应用中起了很重要的作用, 特别是在与金融数学的交叉融合中, 扮演了十分重要的角色。然而在现行大部分教材中, 很少有教材针对本科生讲授随机分析的知识。

20 世纪 80 年代以来, 学科交叉发展已经成为科学技术进步的重要标志和必然趋势。特别是基础学科之间、基础学科与其他学科之间的交叉融合, 代表了人们从多角度认识自然的高级认知过程。随着经济全球化趋势日益明显, 金融、保险、证券等行业对数理金融类人才的需求日益旺盛, 加强数学与金融交叉领域高级人才的培养, 已经成为社会经济发展的战略需要。

金融数学是针对金融风险的度量及控制, 随着现代金融创新产品设计与定价中对于数学学科的迫切需求而发展起来的新兴的交叉学科。金融数学这一学科从诞生之日起就始终与世界经济和金融市场的发展情况紧密相关。作者近年来一直在山东大学面向数学类专业本科生开设随机过程课程。山东大学是我国金融数学研究的重要阵地, 金融数学研究已成为山东大学数学研究的显著特色之一。

金融数学研究的重点是金融市场数学行为和金融衍生产品定价, 而进行这些研究的基础正是布朗运动及伊藤积分。因此, 针对金融数学研究需要的随机分析知识, 作者在本科生教学中大胆地进行了教学改革和尝试。众所周知, 要完整详细地介绍布朗运动及伊藤积分, 需要一定的测度论基础。在传授给学生一定的测度论基础知识之后, 面向金融数学的培养需求, 作者尝试在课程中重点讲授伊藤积分及其应用, 取得了良好的效果。

本书是在作者讲义的基础上, 经过反复酝酿和修改编写而成的。本书的特点在于尽可能以较少的测度论基础讲授伊藤积分的基本原理, 并配以丰富的例子, 供读者理解和运用。全书共分六章, 概括如下:

第 1 章介绍测度论的基本知识, 包括柯尔莫哥洛夫的概率公理化定义、随机变量、分布函数的定义、随机变量的各种收敛、条件数学期望的定义、随机变量的一致可积性等。

第 2 章介绍离散时间鞅, 包括离散时间鞅的定义及基本性质、停时及停止定理、利用停止定理研究的简单随机游动、鞅的收敛定理等。

第 3 章介绍连续鞅与布朗运动, 包括连续时间鞅与停时、连续局部鞅、布朗运动的定义及性质、马尔可夫过程的基本定义、布朗运动的刻画与反射原理等。

第 4 章介绍伊藤积分, 包括二次变差过程、伊藤积分的定义及基本性质等。

第 5 章介绍伊藤公式及其应用, 包括伊藤公式、随机指数与鞅表示定理、几何布朗运动、布朗运动的鞅刻画、测度变换定理、费曼－卡茨公式、布莱克－斯科尔斯公式、金融统计概要等。

第 6 章介绍莱维过程初步, 包括莱维过程的定义及性质、泊松过程、复合泊松过程的定义、生成元及莱维测度等。

本书第 1 章至第 4 章由王汉超编写, 第 5 章和第 6 章由于志勇编写, 王汉超负责最终的统稿工作。

在本书的编写过程中, 作者得到了浙江大学林正炎教授、苏中根教授, 高等教育出版社胡颖编辑等的不少有益建议, 并且得到了山东大学李姝月、刘雅茜、宋智玲、谭甜甜、王伟等同学的帮助, 这里一并表示感谢。

王汉超　于志勇

2021 年 7 月于山东大学

目　　录

第 1 章 预 备 知 识

在正式介绍随机过程内容之前, 我们首先给出学习本书需要的基础知识.

§1.1 概率与测度

本书讨论的对象主要是随机过程, 以及 20 世纪 40 年代以来建立的随机积分理论. 因此, 我们需要对随机过程建立严格的数学定义, 即需要在概率公理化的基础上给出随机过程需要的数学基础.

首先给出可测空间的定义.

设 Ω 是一个非空集合, 考虑 Ω 上的非空子集类.

定义 1.1.1 对于 Ω 上的非空子集类 $\mathcal{F}$, 若

(1) $\varnothing \in \mathcal{F}$, $\Omega \in \mathcal{F}$;

(2) $A \in \mathcal{F}$, $B \in \mathcal{F}$, 有 $A - B \in \mathcal{F}$;

(3) $A_i \in \mathcal{F}$, $i = 1, 2, \cdots$, 有 $\bigcup\limits_{i=1}^{\infty} A_i \in \mathcal{F}$,

则称 $\mathcal{F}$ 是 Ω 上的 $\sigma-$ **代数** ($\sigma-$ **域**), 称 $(\Omega, \mathcal{F})$ 为**可测空间**.

事实上, 我们在实变函数课程中已经接触到如下可测空间.

例 1.1.1 令 Ω 为实数集 $\mathbb{R}$, $\mathbb{R}$ 上的博雷尔集全体记为 $\mathcal{B}$, 则 $(\mathbb{R}, \mathcal{B})$ 是一个可测空间.

例 1.1.2 令 $\Omega = \mathbb{R}$, $\mathbb{R}$ 上的勒贝格可测集全体记为 $\mathcal{L}$, 则 $(\mathbb{R}, \mathcal{L})$ 是一个可测空间.

若 $\mathcal{A}$ 是 Ω 的一个子集类, $\sigma(\mathcal{A})$ 即为包含 $\mathcal{A}$ 的最小 $\sigma-$ 代数, 称为 $\mathcal{A}$ 生成的 $\sigma-$ 代数.

令 Ω 是非空集合, ξ 是 Ω 到 $\mathbb{R}$ 的一个映射. 对于 $A \subset \mathbb{R}$, 定义

$$\xi^{-1}(A) = \{\omega \in \Omega : \xi(\omega) \in A\}.$$

若 $\mathcal{A}$ 是 $\mathbb{R}$ 的一个子集类, 定义

$$\xi^{-1}(\mathcal{A}) = \{\xi^{-1}(A) : A \in \mathcal{A}\}.$$

定义 1.1.2 若 ξ 是可测空间 $(\Omega, \mathcal{F})$ 到 $(\mathbb{R}, \mathcal{B})$ 的一个映射, 且 $\xi^{-1}(\mathcal{B}) \subset \mathcal{F}$, 则称 ξ 是 $\mathcal{F}-$ **可测随机变量**, 简称**随机变量**.

在概率论中, 随机变量是最基本的讨论对象. 在可测空间 $(\Omega, \mathcal{F})$ 上, 若 $A \in \mathcal{F}$, 则称

$$\mathbf{1}_A(\omega) = \begin{cases} 1, & \omega \in A, \\ 0, & \omega \notin A \end{cases}$$

为示性随机变量. 有限个示性随机变量的线性组合称为简单随机变量. 事实上, 随机变量在一定条件下可以由一列简单随机变量逼近. 例如, 对于非负随机变量 ξ, 可通过简单随机变量

$$\psi_n = \sum_{i=0}^{n \cdot 2^n - 1} \frac{i}{2^n} \mathbf{1}_{\{\frac{i}{2^n} \leqslant \xi < \frac{i+1}{2^n}\}} + n \mathbf{1}_{\{\xi \geqslant n\}}$$

逼近.

概率论作为一个数学分支, 研究可测空间上随机变量取值的可能性大小是其主要任务之一. 因此, 需要引入一个 "量" 来刻画随机变量取值的可能性大小. 这个量就是概率. 下面给出概率的公理化定义.

定义 1.1.3 在可测空间 $(\Omega, \mathcal{F})$ 上, P 是 $\mathcal{F}$ 上的一个集函数, 若 P 满足

(1) $P(\varnothing) = 0$;

(2) 对于 $A \in \mathcal{F}, P(A) \geqslant 0$;

(3) 对于 $\{A_n\}_{n \geqslant 1} \subset \mathcal{F}$, $A_n \bigcap A_m = \varnothing (n \neq m)$, 有 $P\left(\bigcup_{n=1}^{\infty} A_n\right) = \sum_{n=1}^{\infty} P(A_n)$;

(4) $P(\Omega) = 1$,

则称 P 是 $(\Omega, \mathcal{F})$ 上的**概率测度**. $(\Omega, \mathcal{F}, P)$ 称为**概率空间**.

定义 1.1.4 若 μ 是 $(\Omega, \mathcal{F})$ 上的关于 $\mathcal{F}$ 中集合的集函数, 满足定义 1.1.3 中的前 3 条, 则称 μ 是 $(\Omega, \mathcal{F})$ 上的**测度**. $(\Omega, \mathcal{F}, \mu)$ 称为**测度空间**.

事实上, 下面的例子就是一个常见的概率空间.

例 1.1.3 $([0,1], \mathcal{B}[0,1], m)$ 是一个概率空间, $\mathcal{B}[0,1]$ 是 $[0,1]$ 上的博雷尔集全体, m 是勒贝格测度.

对于随机变量, 我们通过如下形式刻画随机变量取值的可能性大小.

定义 1.1.5 设 $(\Omega, \mathcal{F}, P)$ 是一个概率空间, ξ 是 $(\Omega, \mathcal{F})$ 上的随机变量, 对于 $B \in \mathcal{B}$, 定义

$$P \circ \xi^{-1}(B) = P(\xi^{-1}(B)) = P(\{\omega : \xi(\omega) \in B\}).$$

此时, $P \circ \xi^{-1}$ 是 $(\mathbb{R}, \mathcal{B})$ 上的概率测度, 称 $P \circ \xi^{-1}$ 为 ξ 的**分布**.

回忆之前学过的分布函数的定义: $\forall x \in \mathbb{R}$,

$$F(x) = P(\xi \leqslant x) = P(\{\omega : \xi(\omega) \in (-\infty, x]\}).$$

我们知道分布函数是实轴上的右连续的增函数. 对于实数 $a < b$, 定义

$$\mu((a,b]) = F(b) - F(a).$$

将上述集函数延拓至整个实轴上的博雷尔集上, 生成的勒贝格 – 斯蒂尔切斯测度 μ 实际上与 $P \circ \xi^{-1}$ 是一样的. 所以, 有时候我们会直接把分布函数对应为它生成的勒贝格 – 斯蒂尔切斯测度, 直接称分布函数为分布. 常见的分布有以下几种:

例 1.1.4 设 ξ 是 $(\Omega, \mathcal{F}, P)$ 上的随机变量, 若其分布函数为

$$F(x) = \frac{1}{\sqrt{2\pi}\sigma} \int_{-\infty}^{x} \mathrm{e}^{-\frac{(t-\mu)^2}{2\sigma^2}} \mathrm{d}t,$$

这里 $-\infty < \mu < \infty, 0 < \sigma < \infty$, 则通常称 ξ 服从正态分布. 特别地, 若 $\mu = 0, \sigma^2 = 1$, 则称 ξ 服从标准正态分布.

例 1.1.5 设 ξ 是 $(\Omega, \mathcal{F}, P)$ 上的随机变量, 若其分布函数为

$$F(x) = \int_{-\infty}^{x} p(x)\mathrm{d}x,$$

这里

$$p(x) = \begin{cases} \dfrac{1}{b-a}, & x \in [a,b], \\ 0, & \text{其他}, \end{cases}$$

且 $-\infty < a < b < \infty$, 则称 ξ 服从 $[a,b]$ 上的均匀分布.

例 1.1.6 设 ξ 是 $(\Omega, \mathcal{F}, P)$ 上的随机变量, 若其分布函数为

$$F(x) = \int_{-\infty}^{x} p(x)\mathrm{d}x,$$

这里

$$p(x) = \begin{cases} \lambda \mathrm{e}^{-\lambda x}, & x \geqslant 0, \\ 0, & x < 0, \end{cases}$$

且 $\lambda > 0$, 则称 ξ 服从指数分布.

例 1.1.7 设 ξ 是 $(\Omega, \mathcal{F}, P)$ 上的随机变量, 对于非负整数 k, 若

$$P(\xi = k) = \frac{\lambda^k}{k!} \mathrm{e}^{-\lambda},$$

这里 $\lambda > 0$, 则称 ξ 服从泊松分布.

读者已经在概率论中接触过很多分布, 这里不再赘述.

独立性是概率论中特有的一个概念. 设 $(\Omega, \mathcal{F}, P)$ 是概率空间, ξ 是 $(\Omega, \mathcal{F}, P)$ 上的随机变量. 令 $\sigma(\xi) = \xi^{-1}(\mathcal{B})$, 其中 $\mathcal{B}$ 为 $\mathbb{R}$ 上的博雷尔集. $\sigma(\xi)$ 即为使得 ξ 成为随机变量的最小 $\sigma-$ 代数, 称 $\sigma(\xi)$ 为由 ξ 生成的 $\sigma-$ 代数. 本质上, $\sigma(\xi)$ 是使得 ξ 可测的最小 $\sigma-$ 代数.

设 $\{\xi_i\}_{i \in I}$ 是一族随机变量, 若 $\sigma(\xi_i : i \in I)$ 是使得 $\{\xi_i\}_{i \in I}$ 都可测的最小 $\sigma-$ 代数, 则称其为 $\{\xi_i\}_{i \in I}$ 生成的 $\sigma-$ 代数.

定义 1.1.6 设 ξ 与 η 是 $(\Omega, \mathcal{F}, P)$ 上的随机变量, $\sigma(\xi)$ 与 $\sigma(\eta)$ 是 ξ, η 生成的 $\sigma-$ 代数. 若对于 $A \in \sigma(\xi)$, $B \in \sigma(\eta)$, 均有 $P(AB) = P(A)P(B)$, 则称 ξ 与 η **独立**.

在概率论中, 数学期望扮演着十分重要的角色. 我们利用测度论的语言, 可以有如下定义.

定义 1.1.7 在 $(\Omega, \mathcal{F}, P)$ 上, ξ 是非负随机变量, η 是非负简单随机变量, 设

$$\eta = \sum_{i=1}^{n} a_i \mathbf{1}_{A_i}, \quad A_i \in \mathcal{F}.$$

令 $E[\eta] = \sum_{i=1}^{n} a_i P(A_i)$, 定义

$$E[\xi] = \sup\{E[\eta] : 0 \leqslant \eta \leqslant \xi, \eta \text{是简单随机变量}\}.$$

若 ξ 是随机变量, $\xi = \xi^+ - \xi^-$, $\xi^+ = \max\{\xi, 0\}$, $\xi^- = \max\{-\xi, 0\}$, 定义 $E[\xi] = E[\xi^+] - E[\xi^-]$. 若 $E[\xi^+] < \infty$, $E[\xi^-] < \infty$, 则称 ξ **可积**. 称 $E[\xi]$ 为 ξ 的**数学期望**.

有时, 为强调概率测度 P, 会记数学期望为 $E_P[\xi]$.

对于可积随机变量 ξ, 称 $\mathrm{Var}[\xi] = E[(\xi - E[\xi])^2]$ 为 ξ 的**方差**. 对于可积随机变量 ξ, η, 称 $\mathrm{Cov}[\xi, \eta] = E[(\xi - E[\xi])(\eta - E[\eta])]$ 为 ξ, η 的**协方差**.

关于数学期望的性质的讨论, 本质上与实变函数课程中勒贝格可积函数的讨论是一样的. 读者可以假设概率空间为 $([0,1], \mathcal{B}[0,1], m)$, 然后按照实变函数课程中勒贝格可积函数相关的讨论, 得到一系列关于数学期望的性质, 这里不再重复. 在后面遇到相关定理的证明时, 如果有必要, 会给予详细介绍. 事实上, 类似于实变函数中的讨论, 还可以得到如下的富比尼定理. 这里我们略去证明.

对于集合 $A, B, A \times B = \{(a, b) : a \in A, b \in B\}$; 对于 $\sigma-$ 代数 $\mathcal{F}_1, \mathcal{F}_2, \mathcal{F}_1 \otimes \mathcal{F}_2$ 定义为包含所有形如 $A \times B$ 的最小 $\sigma-$ 代数, 其中 $A \in \mathcal{F}_1, B \in \mathcal{F}_2$.

定理 1.1.1 设 $(\Omega_1, \mathcal{F}_1, P)$, $(\Omega_2, \mathcal{F}_2, Q)$ 是两个概率空间, f 是 $(\Omega_1 \times \Omega_2, \mathcal{F}_1 \otimes \mathcal{F}_2)$ 上的可测函数. 若 f 是非负或可积的, 则

$$\int_{\Omega_1 \times \Omega_2} f \, \mathrm{d}P \times Q = \int_{\Omega_1} P(\mathrm{d}\omega_1) \int_{\Omega_2} f(\omega_1, \omega_2) Q(\mathrm{d}\omega_2)$$

$$= \int_{\Omega_2} Q(\mathrm{d}\omega_2) \int_{\Omega_1} f(\omega_1, \omega_2) P(\mathrm{d}\omega_1).$$

在可测空间 $(\Omega, \mathcal{F})$ 上, 考虑两个概率测度 P, Q, 对于任意的 $A \in \mathcal{F}$, 若 $P(A) = 0$ 能推出 $Q(A) = 0$, 则称 Q **关于** P **绝对连续**, 记为 $Q \ll P$. 下面我们给出十分重要的拉东 – 尼科迪姆定理, 其证明我们在本章附录中给出.

定理 1.1.2 (拉东 – 尼科迪姆定理) 设 P, Q 是 $(\Omega, \mathcal{F})$ 上的概率测度. 若 $Q \ll P$, 则存在唯一的可积随机变量 ξ, 使得对于任意 $A \in \mathcal{F}$,

$$Q(A) = \int_A \xi \, \mathrm{d}P = E_P[\xi \mathbf{1}_A].$$

上式中的 ξ 一般称为测度 Q 关于测度 P 的**拉东 – 尼科迪姆导数**. 我们在概率论中提到的连续型随机变量, 即其分布函数生成的勒贝格 – 斯蒂尔切斯测度关于勒贝格测度绝对连续. 所谓的密度函数, 实际上是分布函数生成的勒贝格 – 斯蒂尔切斯测度关于勒贝格测度的拉东 – 尼科迪姆导数.

§1.2 随机变量的收敛性

在这一节中, 我们介绍随机变量的收敛性, 这是我们在后面讨论中需要用到的. 首先, 我们给出依概率收敛的定义.

定义 1.2.1 设 $\{\xi_n\}$ 是 $(\Omega, \mathcal{F}, P)$ 上的一列随机变量, ξ 是 $(\Omega, \mathcal{F}, P)$ 上的随机变量. 若对任意的 $\varepsilon > 0$, $\lim\limits_{n \to \infty} P(\{\omega : |\xi_n(\omega) - \xi(\omega)| \geqslant \varepsilon\}) = 0$, 则称 $\{\xi_n\}$ **依概率收敛**于 ξ, 记为 $\xi_n \xrightarrow{P} \xi$.

除了依概率收敛, 几乎必然收敛也是一种十分重要的收敛. 下面我们给出几乎必然收敛的定义.

定义 1.2.2 设 $\{\xi_n\}$ 是 $(\Omega, \mathcal{F}, P)$ 上的一列随机变量, ξ 是 $(\Omega, \mathcal{F}, P)$ 上的随机变量. 若 $P(\{\omega : \lim\limits_{n \to \infty} \xi_n(\omega) = \xi(\omega)\}) = 1$, 则称 $\{\xi_n\}$ **几乎必然收敛**于 ξ, 记为 $\xi_n \xrightarrow{\text{a.s.}} \xi$.

注意到如果对于任意的 $\varepsilon > 0$, 有

$$\sum_{n=1}^{\infty} P(\{\omega : |\xi_n(\omega) - \xi(\omega)| \geqslant \varepsilon\}) < \infty,$$

则会有 $\{\xi_n\}$ 几乎必然收敛于 ξ. 事实上, 考虑集合

$$\bigcap_{k=1}^{\infty} \bigcup_{n=k}^{\infty} \{\omega : |\xi_n(\omega) - \xi(\omega)| \geqslant \varepsilon\}$$

的测度, 会有

$$P\left(\bigcap_{k=1}^{\infty} \bigcup_{n=k}^{\infty} \{\omega : |\xi_n(\omega) - \xi(\omega)| \geqslant \varepsilon\}\right) \leqslant \sum_{n=k}^{\infty} P(\{\omega : |\xi_n(\omega) - \xi(\omega)| \geqslant \varepsilon\}).$$

由级数收敛的性质,

$$\lim_{k \to \infty} \sum_{n=k}^{\infty} P(\{\omega : |\xi_n(\omega) - \xi(\omega)| \geqslant \varepsilon\}) = 0,$$

故

$$P\left(\bigcap_{k=1}^{\infty} \bigcup_{n=k}^{\infty} \{\omega : |\xi_n(\omega) - \xi(\omega)| \geqslant \varepsilon\}\right) = 0.$$

因此 $\{\xi_n\}$ 几乎必然收敛于 ξ. 进一步, 我们可以通过几乎必然收敛刻画依概率收敛.

命题 1.2.1 设 $\{\xi_n\}$ 是概率空间 $(\Omega, \mathcal{F}, P)$ 上的一列随机变量, ξ 是 $(\Omega, \mathcal{F}, P)$ 上的随机变量. $\{\xi_n\}$ 依概率收敛于 ξ 当且仅当对于 $\{\xi_n\}$ 的任意子列 $\{\xi_{n'}\}$, 存在子列 $\{\xi_{n'_k}\}$ 几乎必然收敛于 ξ.

证明: 命题的必要性由著名的里斯定理可以得到, 这里主要证明充分性.

使用反证法. 若 $\{\xi_n\}$ 不是依概率收敛于 ξ 的, 则存在 ε_0 和 δ_0, 对于任意 k, 存在 n_k, 使得

$$P(\{\omega : |\xi_{n_k}(\omega) - \xi(\omega)| \geqslant \varepsilon_0\}) > \delta_0.$$

显然, 此时子列 $\{\xi_{n_k}\}$ 并不是几乎必然收敛于 ξ 的. 产生矛盾. ∎

我们在概率论课程中涉及的弱大数律和强大数律是关于依概率收敛和几乎必然收敛的, 而中心极限定理是关于依分布收敛展开讨论的. 下面给出依分布收敛的定义.

定义 1.2.3 设 $\{\xi_n\}$ 是 $(\Omega, \mathcal{F}, P)$ 上的一列随机变量, ξ_n 的分布函数为 $F_n(x)$, ξ 是 $(\Omega, \mathcal{F}, P)$ 上的随机变量, ξ 的分布函数为 $F(x)$. 若对于 $F(x)$ 的任意连续点 u,

$$\lim_{n\to\infty} F_n(u) = F(u),$$

则称 $\{\xi_n\}$ **依分布收敛**于 ξ, 记为 $\xi_n \xrightarrow{d} \xi$.

依分布收敛本质上是一种弱收敛. 下面给出弱收敛的定义.

定义 1.2.4 设 $\{\xi_n\}$ 是 $(\Omega, \mathcal{F}, P)$ 上的一列随机变量, ξ 是 $(\Omega, \mathcal{F}, P)$ 上的随机变量. 若对于任意有界连续函数 f,

$$\lim_{n\to\infty} E[f(\xi_n)] = E[f(\xi)],$$

则称 $\{\xi_n\}$ **弱收敛**于 ξ, 记为 $\xi_n \Longrightarrow \xi$.

随机变量列弱收敛于一个随机变量, 也就是我们通常所说的依分布收敛. 但是弱收敛的刻画形式更宽泛, 在后面的内容中会涉及. 这里需要指出的是, 弱收敛与依分布收敛是等价的.

除了上述几种收敛, 我们还会遇到如下收敛性的概念.

事实上, 我们需要在一定的条件下得到随机变量 $\{\xi_n\}$ 矩收敛于 ξ 的结论. 这个所谓的条件, 一般是指一致可积性. ξ 是 $(\Omega, \mathcal{F}, P)$ 上的随机变量, 若 ξ 可积, 则不难证明: 对于任意的 $\varepsilon > 0$, 存在 $N > 0$, 使得

$$\int_{\{|\xi|\geqslant N\}} \xi \, \mathrm{d}P < \varepsilon.$$

下面我们引入一致可积的概念.

定义 1.2.5 设 I 是一个指标集, $(\Omega, \mathcal{F}, P)$ 上有一个可积随机变量族 $\{\xi_\alpha : \alpha \in I\}$, 若对于任意的 $\varepsilon > 0$, 存在 $N > 0$, 使得对于任意的 $\alpha \in I$,

$$E[|\xi_\alpha|, |\xi_\alpha| \geqslant N] = \int_{\{|\xi_\alpha|\geqslant N\}} |\xi_\alpha| \mathrm{d}P < \varepsilon,$$

则称 $\{\xi_\alpha : \alpha \in I\}$ 为**一致可积**的.

定理 1.2.1 设 $\{\xi_\alpha : \alpha \in I\}$ 是可积随机变量族, 则 $\{\xi_\alpha : \alpha \in I\}$ 是一致可积的充要条件是

(1) 对于任意的 $\varepsilon > 0$, 存在 δ, 使得当 $A \in \mathcal{F}$, $P(A) < \delta$ 时, 对于任意的 $\alpha \in I$, $E[|\xi_\alpha|] < \varepsilon$ (**一致绝对连续性**);

(2) $\sup_{\alpha \in I} E[|\xi_\alpha|] < \infty$.

证明: 必要性: 对于任意的 $A \in \mathcal{F}$, $N > 0$,

$$\int_A |\xi_\alpha| \, \mathrm{d}P = \int_{A \cap \{|\xi_\alpha| \geqslant N\}} |\xi_\alpha| \, \mathrm{d}P + \int_{A \cap \{|\xi_\alpha| < N\}} |\xi_\alpha| \, \mathrm{d}P$$

$$\leqslant \int_{\{|\xi_\alpha| \geqslant N\}} |\xi_\alpha| \, \mathrm{d}P + N P(A).$$

由一致可积性可得一致绝对连续性. 取 $A = \Omega$, 有 $\sup\limits_{\alpha \in I} E[|\xi_\alpha|] < \infty$.

充分性:

$$P(|\xi_\alpha| \geqslant N) \leqslant \frac{1}{N} E[|\xi_\alpha|],$$

由于 $\sup\limits_{\alpha \in I} E[|\xi_\alpha|] < \infty$, 故由一致绝对连续性可得一致可积性. ■

一族随机变量如果一致可积, 再加上依概率收敛, 就会得到如下结果.

定理 1.2.2 设 $(\Omega, \mathcal{F}, P)$ 是概率空间, $\{\xi_n\}$ 是一列一致可积的随机变量, 若存在一个可积随机变量 ξ, 使得 $\xi_n \xrightarrow{P} \xi$, 则

$$\lim_{n \to \infty} E[|\xi_n - \xi|] = 0.$$

证明: 由于 $\{\xi_n\}$ 是一致可积的, ξ 是可积的, 故对于任意的 $\varepsilon > 0$, 存在一个 $\delta > 0$, 使得对于任意的 $n \geqslant 0$, 当 $A \in \mathcal{F}$, $P(A) < \delta$ 时,

$$\int_A |\xi_n| \, \mathrm{d}P < \varepsilon, \quad \int_A |\xi| \, \mathrm{d}P < \varepsilon.$$

由于 $\xi_n \xrightarrow{P} \xi$, 故存在 $K > 0$, 使得当 $n \geqslant K$ 时,

$$P(|\xi_n - \xi| > \varepsilon) < \delta.$$

因此当 $n \geqslant K$ 时,

$$\int |\xi_n - \xi| \, \mathrm{d}P = \int_{\{|\xi_n - \xi| > \varepsilon\}} |\xi_n - \xi| \, \mathrm{d}P + \int_{\{|\xi_n - \xi| \leqslant \varepsilon\}} |\xi_n - \xi| \, \mathrm{d}P$$

$$\leqslant \int_{\{|\xi_n - \xi| > \varepsilon\}} |\xi_n| \, \mathrm{d}P + \int_{\{|\xi_n - \xi| > \varepsilon\}} |\xi| \, \mathrm{d}P + \varepsilon$$

$$\leqslant 3\varepsilon.$$

故

$$\lim_{n \to \infty} E[|\xi_n - \xi|] = 0.$$ ■

利用定理 1.2.2, 可以得到著名的控制收敛定理.

定理 1.2.3 (控制收敛定理) 设 $(\Omega, \mathcal{F}, P)$ 是概率空间, $\{\xi_n\}$ 是一列可积随机变量, 且对于所有的 $n \geqslant 1$, 存在可积随机变量 η, 使得 $|\xi_n| \leqslant \eta$ a.s. 如果存在一个可积随机变量 ξ, 使得 $\{\xi_n\}$ 几乎必然收敛于 ξ, 那么 $\lim\limits_{n \to \infty} E[\xi_n] = E[\xi]$.

今后, 为方便叙述, 对于概率空间 $(\Omega, \mathcal{F}, P)$ 上的随机变量列 $\{\xi_n\}$, 若存在一个可积随机变量 ξ, 使得当 $p \geqslant 1$ 时, $\lim\limits_{n \to \infty} E[|\xi_n - \xi|^p] = 0$, 则称 $\{\xi_n\}$ **在 L^p 意义下收敛于** ξ, 简称 ξ_n L^p **收敛于** ξ.

§1.3　条件数学期望

考虑 $(\Omega, \mathcal{F}, P)$ 上的随机变量 X, 数学期望 $E[X]$ 是对 X 的最佳预测. 如果考虑更加复杂的问题: $X_1, X_2, \cdots$ 是一个时间序列, 在时间 n, X_n 代表 n 时刻某只股票的价格, Y 代表另一只股票的价格, 用 $E[Y \mid X_1, X_2, \cdots, X_n]$ 代表给定 $X_1, X_2, \cdots, X_n$ 后对 Y 的最佳预测. 加一定的条件后, 我们再来考虑这个最佳预测问题. 令 $\mathcal{F}_n = \sigma(X_1, X_2, \cdots, X_n)$, 我们暂时使用符号 $E[Y \mid \mathcal{F}_n]$ 来代表最佳预测结果 $E[Y \mid X_1, X_2, \cdots, X_n]$ (下文将正式给出 $E[Y \mid \mathcal{F}_n]$ 的定义). 注意到 $E[Y \mid \mathcal{F}_n]$ 肯定与 $X_1, X_2, \cdots, X_n$ 有关, 因此可写为

$$E[Y \mid \mathcal{F}_n] = \phi(X_1, X_2, \cdots, X_n).$$

如果考虑信息 $\mathcal{F}_n$, 那么这个最佳预测问题需要更强有力的数学工具来解决.

事实上, 在特定的情况下, 我们可以进行如下讨论.

设 (X, Y) 具有联合密度函数 $f(x, y)$, $-\infty < x, y < \infty$, 边际密度函数为

$$f(x) = \int_{-\infty}^{\infty} f(x, y)\, \mathrm{d}y, \quad g(y) = \int_{-\infty}^{\infty} f(x, y)\, \mathrm{d}x.$$

条件密度函数为 $f(y \mid x) = \dfrac{f(x, y)}{f(x)}$, 因此

$$E[Y \mid X = x] = \int_{-\infty}^{\infty} y f(y \mid x)\, \mathrm{d}y.$$

不严格地写, 在非常强的条件下, 会有

$$E[Y \mid X] = \int_{-\infty}^{\infty} y f(y \mid X)\, \mathrm{d}y = \frac{\displaystyle\int_{-\infty}^{\infty} y f(X, y)\, \mathrm{d}y}{f(X)} = \phi(X).$$

进一步, 有

$$\begin{aligned} E[E[Y \mid X]] &= \int_{-\infty}^{\infty} E[Y \mid X = x] f(x)\, \mathrm{d}x \\ &= \int_{-\infty}^{\infty} \left[\int_{-\infty}^{\infty} y f(y \mid x)\, \mathrm{d}y \right] f(x)\, \mathrm{d}x \\ &= \int_{-\infty}^{\infty} \int_{-\infty}^{\infty} y f(x, y)\, \mathrm{d}y\, \mathrm{d}x = E[Y]. \end{aligned}$$

事实上, 如果进一步进行计算, 会有

$$E[E[Y \mid \mathcal{F}_n]] = E[Y],$$

$$E[E[Y \mid \mathcal{F}_n]\mathbf{1}_A] = E[Y\mathbf{1}_A].$$

上述例子提示我们, 在一定条件下的最佳预测应具有一定的性质. 事实上, 人们引入条件数学期望解决了这一问题. 关于条件数学期望, 有如下定义.

定义 1.3.1 设 $(\Omega, \mathcal{F}, P)$ 是一个概率空间, $\mathcal{A}$ 是 $\mathcal{F}$ 的子 $\sigma-$ 代数. ξ 是 $(\Omega, \mathcal{F}, P)$ 上的可积随机变量, ξ 关于 $\mathcal{A}$ 的**条件数学期望**, 记为 $E[\xi \mid \mathcal{A}]$, 是满足以下条件的唯一的随机变量 (在几乎处处的意义下):

(1) $E[\xi \mid \mathcal{A}]$ 是 $\mathcal{A}-$ 可测的;

(2) 对于任意 $B \in \mathcal{A}$,

$$\int_B \xi \, \mathrm{d}P = \int_B E[\xi \mid \mathcal{A}] \, \mathrm{d}P.$$

上述定义中的存在性及唯一性可由拉东 – 尼科迪姆定理得到. 在 $(\Omega, \mathcal{A})$ 上, $P_{\mathcal{A}}$ 是将 P 限制在 $\mathcal{A}$ 上时的测度. 令 $\mu(A) = \int_A \xi \, \mathrm{d}P$, 由拉东 – 尼科迪姆定理可得存在性与唯一性.

下面给出关于条件数学期望的一些性质.

命题 1.3.1 设 ξ, η, $\{\xi_n\}$ 是 $(\Omega, \mathcal{F}, P)$ 上的可积随机变量.

(1) $E[\xi \mid \mathcal{F}] = \xi$; 若 ξ 与 $\mathcal{A}$ 独立, 则 $E[\xi \mid \mathcal{A}] = E[\xi]$; $E[\xi \mid \{\Omega, \varnothing\}] = E[\xi]$.

(2) 当 $\xi = a$ 时, $E[\xi \mid \mathcal{A}] = a$ a.s.

(3) 设 a, b 是常数, 则 $E[(a\xi + b\eta) \mid \mathcal{A}] = aE[\xi \mid \mathcal{A}] + bE[\eta \mid \mathcal{A}]$.

(4) 若 $\xi \leqslant \eta$, 则 $E[\xi \mid \mathcal{A}] \leqslant E[\eta \mid \mathcal{A}]$.

(5) $|E[\xi \mid \mathcal{A}]| \leqslant E[|\xi| \mid \mathcal{A}]$.

(6) $E[E[\xi \mid \mathcal{A}]] = E[\xi]$.

(7) 若 η 是 $\mathcal{A}-$ 可测的, 则 $E[\xi\eta \mid \mathcal{A}] = \eta E[\xi \mid \mathcal{A}]$.

(8) 若 $\mathcal{A} \subset \mathcal{B}$, 则 $E[E[\xi \mid \mathcal{B}] \mid \mathcal{A}] = E[\xi \mid \mathcal{A}]$.

(9) 若 $\lim_n \xi_n = \xi$ a.s. 且 $|\xi_n| \leqslant \eta$, 则 $\lim_n E[\xi_n \mid \mathcal{A}] = E[\xi \mid \mathcal{A}]$.

证明: (1) 由于 ξ 是 $(\Omega, \mathcal{F}, P)$ 上的随机变量, 故由拉东 – 尼科迪姆定理的唯一性可知 $E[\xi \mid \mathcal{F}] = \xi$.

若 ξ 与 $\mathcal{A}$ 独立, 令 $A \in \mathcal{A}$, 则 $\mathbf{1}_A$ 与 ξ 独立, 且

$$\int_A E[\xi \mid \mathcal{A}] \, \mathrm{d}P = \int_A E[\xi] \, \mathrm{d}P = \int \xi \mathbf{1}_A \, \mathrm{d}P = P(A)E[\xi] = \int_A E[\xi] \, \mathrm{d}P,$$

故
$$E[\xi \mid \mathcal{A}] = E[\xi].$$

由于 $\{\Omega, \varnothing\}$ 与任何随机变量独立, 故 $E[\xi \mid \{\Omega, \varnothing\}] = E[\xi]$.

(2) 当 $\xi = a$ 时, $\forall A \in \mathcal{A}$,

$$\int_A a \, \mathrm{d}P = aP(A) = \int_A E[\xi \mid \mathcal{A}] \, \mathrm{d}P,$$

故
$$E[\xi \mid \mathcal{A}] = a \text{ a.s.}$$

(3) 对于任意 $A \in \mathcal{A}$,

$$\int_A E[(a\xi + b\eta) \mid \mathcal{A}] \, \mathrm{d}P = \int_A (a\xi + b\eta) \, \mathrm{d}P = a \int_A \xi \, \mathrm{d}P + b \int_A \eta \, \mathrm{d}P$$
$$= a \int_A E[\xi \mid \mathcal{A}] \, \mathrm{d}P + b \int_A E[\eta \mid \mathcal{A}] \, \mathrm{d}P,$$

其中 a, b 是常数, 即线性关系成立.

(4) 令 $\xi \leqslant \eta$, 对于任意 $A \in \mathcal{A}$, 有

$$\int_A E[\xi \mid \mathcal{A}] \, \mathrm{d}P = \int_A \xi \, \mathrm{d}P \leqslant \int_A \eta \, \mathrm{d}P = \int_A E[\eta \mid \mathcal{A}] \, \mathrm{d}P,$$

故
$$E[\xi \mid \mathcal{A}] \leqslant E[\eta \mid \mathcal{A}].$$

(5) 由于 $-|\xi| \leqslant \xi \leqslant |\xi|$, 由 (4) 可得.

(6) 由定义, 取 $A = \Omega$, 则

$$\int_\Omega E[\xi \mid \mathcal{A}] \, \mathrm{d}P = \int_\Omega \xi \, \mathrm{d}P.$$

(7) 只考虑非负情形. 下证对任意 $A \in \mathcal{A}$,

$$\int_A E[\xi\eta \mid \mathcal{A}] \, \mathrm{d}P = \int_A \eta E[\xi \mid \mathcal{A}] \, \mathrm{d}P.$$

设 $G \in \mathcal{A}$, 取 $\eta = \mathbf{1}_G$, 则

$$\int_A \mathbf{1}_G E[\xi \mid \mathcal{A}] \, \mathrm{d}P = \int_{A \cap G} E[\xi \mid \mathcal{A}] \, \mathrm{d}P = \int_{A \cap G} \xi \, \mathrm{d}P,$$
$$\int_A E[\xi \mathbf{1}_G \mid \mathcal{A}] \, \mathrm{d}P = \int_A \xi \mathbf{1}_G \, \mathrm{d}P = \int_{A \cap G} \xi \, \mathrm{d}P.$$

故 $\int_A \mathbf{1}_G E[\xi \mid \mathcal{A}] \, \mathrm{d}P = \int_A E[\xi \mathbf{1}_G \mid \mathcal{A}] \, \mathrm{d}P$. 再由条件数学期望的线性性质及极限定理可知结论成立.

(8) 由于 $\mathcal{A} \subset \mathcal{B}$, 故 $E[\xi \mid \mathcal{A}]$ 是 $\mathcal{B}-$ 可测的, 从而

$$E[E[\xi \mid \mathcal{A}] \mid \mathcal{B}] = E[\xi \mid \mathcal{A}].$$

进一步, 对于 $A \in \mathcal{A}$,

$$\int_A E[\xi \mid \mathcal{A}] \, \mathrm{d}P = \int_A \xi \, \mathrm{d}P,$$
$$\int_A E[E[\xi \mid \mathcal{A}] \mid \mathcal{B}] \, \mathrm{d}P = \int_A E[\xi \mid \mathcal{B}] \, \mathrm{d}P.$$

由于 $\mathcal{A} \subset \mathcal{B}$, 故 $A \in \mathcal{B}$, 从而

$$\int_A E[\xi \mid \mathcal{B}] \, \mathrm{d}P = \int_A \xi \, \mathrm{d}P.$$

因此
$$E[E[\xi \mid \mathcal{B}] \mid \mathcal{A}] = E[\xi \mid \mathcal{A}].$$

(9) 令 $Z_n = \sup_{k \geqslant n} |\xi_k - \xi|$, $Z_n \downarrow 0^{①}$, 且 $|Z_n| \leqslant 2\eta$, 故 $E[Z_n] \downarrow 0$. 而
$$|E[\xi_n \mid \mathcal{A}] - E[\xi \mid \mathcal{A}]| \leqslant E[Z_n \mid \mathcal{A}],$$

且 $E[Z_n \mid \mathcal{A}]$ 是单调递减的, 记其极限为 Z, 且 $Z \geqslant 0$, 则
$$E[Z] = E[E[Z \mid \mathcal{A}]] \leqslant E[E[Z_n \mid \mathcal{A}]] = E[Z_n],$$

故 $E[Z] = 0$, 即 $Z = 0$ a.s., 即有 $E[\xi_n \mid \mathcal{A}] \to E[\xi \mid \mathcal{A}] (n \to \infty)$. 得证. ∎

考虑给定随机变量条件下的条件数学期望, 本质上是考虑随机变量生成的 $\sigma-$ 代数条件下的条件数学期望.

例如, 设 X 与 Y 是 $(\Omega, \mathcal{F}, P)$ 上的随机变量, 则 $E[Y \mid X]$ 即为 $E[Y \mid \sigma(X)]$, 前面已经知道, $\sigma(X)$ 为 X 生成的 $\sigma-$ 代数, 是使得 X 可测的最小 $\sigma-$ 代数.

回到最佳预测问题, 有如下结论.

定理 1.3.1 设 ξ 是 $(\Omega, \mathcal{F}, P)$ 上的平方可积随机变量, $\mathcal{A} \subset \mathcal{F}$ 是 $\sigma-$ 代数, 则
$$E[\xi|\mathcal{A}] = \mathop{\arg\min}_{\{\mathcal{A}-\text{可测的平方可积随机变量 } \eta\}} E[(\xi - \eta)^2]^{②}.$$

证明: 对于任意的 $\mathcal{A}-$ 可测的平方可积随机变量 η,
$$E[(\xi - \eta)^2] = E[(\xi - E[\xi|\mathcal{A}] + E[\xi|\mathcal{A}] - \eta)^2]$$
$$= E[(\xi - E[\xi|\mathcal{A}])^2] + E[(E[\xi|\mathcal{A}] - \eta)^2] +$$
$$2E[(\xi - E[\xi|\mathcal{A}])(E[\xi|\mathcal{A}] - \eta)].$$

由于
$$E[(\xi - E[\xi|\mathcal{A}])(E[\xi|\mathcal{A}] - \eta)] = E[E[(\xi - E[\xi|\mathcal{A}])(E[\xi|\mathcal{A}] - \eta)|\mathcal{A}]]$$
$$= E[E[\xi|\mathcal{A}] - \eta] E[(\xi - E[\xi|\mathcal{A}])|\mathcal{A}]$$
$$= 0,$$

故
$$E[(\xi - \eta)^2] = E[(\xi - E[\xi|\mathcal{A}])^2] + E[(E[\xi|\mathcal{A}] - \eta)^2],$$
即
$$E[(\xi - E[\xi|\mathcal{A}])^2] \leqslant E[(\xi - \eta)^2].$$

得证. ∎

事实上, 利用条件数学期望, 我们可以证明一些原本很难证明的结论. 下面列举几个例子.

---

① 本书中, "$S_n \downarrow t$" 表示 $\{S_n\}$ 单调递减收敛于 t $(n \to \infty)$, "$S_n \uparrow t$" 表示 $\{S_n\}$ 单调递增收敛于 t $(n \to \infty)$.

② argmin 表示使目标函数取最小值时的结果.

例 1.3.1　设 ξ, η 是独立的可积随机变量, $E[\xi]=0$, $E[\eta]=0$, 则 $E[|\xi|] \leqslant E[|\xi+\eta|]$.

证明:
$$E[(\xi+\eta)|\xi] = \xi + E[\eta|\xi] = \xi,$$

故 $|E[(\xi+\eta)|\xi]| = |\xi|$. 从而

$$E[|\xi|] = E[|E[(\xi+\eta)|\xi]|] \leqslant E[E[|\xi+\eta| \mid \xi]] = E[|\xi+\eta|]. \qquad\blacksquare$$

例 1.3.2　设 ξ, η 是独立同分布的可积随机变量, 求 $E[\xi|(\xi+\eta)]$.

解: 由于 ξ, η 是独立同分布的, 故互相换位置结论不变. 因此

$$E[\xi|(\xi+\eta)] = E[\eta|(\xi+\eta)], \quad E[(\xi+\eta)|(\xi+\eta)] = \xi + \eta.$$

从而

$$E[\xi|(\xi+\eta)] = \frac{\xi+\eta}{2}. \qquad\blacksquare$$

例 1.3.3　设 $\xi_1, \xi_2, \cdots, \xi_n$ 是 $(\Omega, \mathcal{F}, P)$ 上的一列独立同分布的随机变量, $E[\xi_n]=0$, $E[\xi_n^2]=1$. 令 $S_n = \sum\limits_{i=1}^{n} \xi_i$, $\mathcal{F}_n = \sigma(\xi_1, \xi_2, \cdots, \xi_n)$, 对于 $m < n$, 求 $E[S_n^2|\mathcal{F}_m]$.

解:
$$E[S_n^2|\mathcal{F}_m] = E[(S_n - S_m + S_m)^2|\mathcal{F}_m]$$

$$= E[[S_m^2 + (S_n - S_m)^2 + 2(S_n - S_m)S_m]|\mathcal{F}_m]$$
$$= S_m^2 + 2S_m E[(S_n - S_m)|\mathcal{F}_m] + E[(S_n - S_m)^2|\mathcal{F}_m]$$
$$= S_m^2 + 2S_m E[S_n - S_m] + E[(S_n - S_m)^2]$$
$$= S_m^2 + (n - m). \qquad\blacksquare$$

事实上, 注意到有 $\mathcal{F}_n \subseteq \mathcal{F}_{n+1}$, 我们称 $\{\mathcal{F}_n\}$ 为流. 最后给出两个定理 (在后面的内容中会用到).

定理 1.3.2　设 ξ 是 $(\Omega, \mathcal{F}, P)$ 上的可积随机变量, $\mathcal{A} \subset \mathcal{F}$ 是 $\sigma-$ 代数, Φ 是 $\mathbb{R}$ 上的凸函数, $\Phi(\xi)$ 是可积的, 则

$$\Phi(E[\xi|\mathcal{A}]) \leqslant E[\Phi(\xi)|\mathcal{A}].$$

证明[7]①: Φ 是凸函数, 故 Φ 的左、右导数都存在. 设 $\Phi'_+(x)$ 是其右导数, 且对 $x_0 \in \mathbb{R}$,

$$\Phi'_+(x_0)(x - x_0) + \Phi(x_0) \leqslant \Phi(x).$$

令 $x = \xi$, $x_0 = E[\xi|\mathcal{A}]$,

$$\Phi'_+(E[\xi|\mathcal{A}])(\xi - E[\xi|\mathcal{A}]) + \Phi(E[\xi|\mathcal{A}]) \leqslant \Phi(\xi).$$

由于 $\Phi(\xi)$ 可积, 若 $E[\xi|\mathcal{A}]$ 有界, 则左边各项可积, 两边取条件数学期望, 得

$$E[\Phi'_+(E[\xi|\mathcal{A}])(\xi - E[\xi|\mathcal{A}])|\mathcal{A}] + E[\Phi(E[\xi|\mathcal{A}])|\mathcal{A}] \leqslant E[\Phi(\xi)|\mathcal{A}],$$

---

① 表示证明过程或解答过程见参考文献 [7], 全书同.

即 $\Phi(E[\xi|\mathcal{A}]) \leqslant \Phi(\xi)$. 一般地, 令

$$G_n = \{\omega : E[|\xi| \mid \mathcal{A}] \leqslant n\}, \; G_n \in \mathcal{A}, \; G_n \uparrow \Omega,$$

则

$$\Phi(E[\xi\mathbf{1}_{G_n}|\mathcal{A}]) \leqslant E[\Phi(\xi\mathbf{1}_{G_n})|\mathcal{A}] = E[\mathbf{1}_{G_n}\Phi(\xi) + \mathbf{1}_{G_n^c}\Phi(0)|\mathcal{A}],$$

其中 G_n^c 为 G_n 的补集. 由控制收敛定理得到本定理的结论. ∎

上述定理的不等式称为**延森不等式**.

定理 1.3.3 设 X, Y 是 $(\Omega, \mathcal{F}, P)$ 上的可积随机变量, $\mathcal{A} \subset \mathcal{F}$ 是 $\sigma-$ 代数, X 与 $\mathcal{A}$ 独立, Y 关于 $\mathcal{A}$ 可测, 则对于任意非负有界可测函数 f, 有

$$E[f(X,Y)|\mathcal{A}] = E[f(X,y)]\mid_{y=Y}.$$

证明: 对于任意非负有界可测函数 f, 令 $g(y) = E[f(X,y)]$, 下证对于任意关于 $\mathcal{A}-$ 可测的非负随机变量 Z, 有

$$E[f(X,Y)Z] = E[g(Y)Z].$$

对于任意博雷尔集 B, 令 $\mu_X(B) = P(\{\omega : X(\omega) \in B\})$.

对于 $\mathbb{R}^2$ 上的博雷尔集 A, 令 $\mu_{Y,Z}(A) = P(\{\omega : (Y(\omega), Z(\omega)) \in A\})$.

于是

$$g(y) = \int f(x,y)\mu_X(\mathrm{d}x).$$

由于 X 与 (Y,Z) 独立, 故

$$E[f(X,Y)Z] = \int z f(x,y)\mu_X(\mathrm{d}x)\mu_{Y,Z}(\mathrm{d}y,\mathrm{d}z)$$

$$= \int z g(y)\mu_{Y,Z}(\mathrm{d}y,\mathrm{d}z) = E[g(Y)Z]. \quad ∎$$

附录 广义测度和拉东 – 尼科迪姆定理

设 $(\Omega, \mathcal{F})$ 是可测空间, P_1 和 P_2 是 $(\Omega, \mathcal{F})$ 上的两个概率测度, 且满足如下关系: 对于 $E \in \mathcal{F}$,

$$P_2(E) = \int_E \xi\,\mathrm{d}P_1, \quad \xi \geqslant 0,$$

这里 ξ 是 $(\Omega, \mathcal{F})$ 上的 $\mathcal{F}-$ 可测随机变量.

如上讨论的 P_1 和 P_2 满足如下性质: 当 $P_1(E) = 0$ 时, $P_2(E) = 0$.

一个自然的问题: 对于 $(\Omega, \mathcal{F})$ 上的两个概率测度 P, Q, 若对任意 $E \in \mathcal{F}, P(E) = 0$ 能推出 $Q(E) = 0$, 是否存在一个随机变量 ξ, 使得对任意 $E \in \mathcal{F}, Q(E) = \int_E \xi\,\mathrm{d}P$?

拉东 – 尼科迪姆定理即可解决这一问题, 为了证明拉东 – 尼科迪姆定理, 我们需要引入广义测度的概念, 并证明哈恩分解定理.

广义测度有时也被称为符号测度, 其定义如下:

定义 1　在可测空间 $(\Omega, \mathcal{F})$ 上, P 是 $\mathcal{F}$ 上的一个集函数, 若它满足

(1) $P(\varnothing) = 0$;

(2) 对于 $\{A_n\}_{n \geqslant 1} \subset \mathcal{F}$, 且 $A_n \bigcap A_m = \varnothing (n \neq m)$, 有 $P\left(\bigcup\limits_{n=1}^{\infty} A_n\right) = \sum\limits_{n=1}^{\infty} P(A_n)$;

(3) 可列可加性, 且永不取 $-\infty$,

则称 P 是 $(\Omega, \mathcal{F})$ 上的 **广义测度**.

定义 2　设 P 是 $(\Omega, \mathcal{F})$ 上的符号函数, $A \in \mathcal{F}$, 如果对于一切可测集 $E \in \mathcal{F}$, 有 $E \bigcap A \in \mathcal{F}$, 且 $P(E \bigcap A) \geqslant 0$, 那么就称 A 是 P 的 **正集**. 如果对于一切可测集 $E \in \mathcal{F}$, 有 $E \bigcap A \in \mathcal{F}$, 且 $P(E \bigcap A) \leqslant 0$, 那么就称 A 是 P 的 **负集**.

事实上, 对于广义测度, 有如下的分解定理.

定理 1 (哈恩分解定理)　设 P 是 $(\Omega, \mathcal{F})$ 上的广义测度, 则必存在 P 的两个不相交的正集 A 和负集 B, 使得 $A \bigcap B = \varnothing, A \bigcup B = \Omega$.

证明: 首先, 令

$$\alpha = \inf\{P(C) \mid C \text{ 是 } P \text{ 的可测负集}\}.$$

由于 P 永不取 $-\infty$, 且注意到有限个可测负集的并集和可列个可测负集的并集均为可测负集, 若 $\alpha = -\infty$, 则 P 有可能取 $-\infty$, 故 $\alpha > -\infty$, 且存在一列 C_n, C_n 是可测负集, 使得 $P(C_n) \to \alpha$. 令 $B = \bigcup\limits_{n=1}^{\infty} C_n$, 下证 $P(B) = \alpha$.

由可测负集的定义,

$$B = \bigcup_{n=1}^{\infty} C_n = \bigcup_{n=1}^{\infty} \left(C_n - \bigcup_{j=1}^{n-1} C_j\right).$$

由于可测负集的差集仍是可测负集, 故 $P(B) \geqslant \alpha$. 注意到

$$P(B) = P(C_m) + P\left(\bigcup_{n=1}^{\infty} C_n - C_m\right) \leqslant P(C_m) \to \alpha,$$

故 $P(B) = \alpha$. 下证 $A = \Omega - B$ 是正集.

使用反证法. 假设存在 $E_0 \in \mathcal{F}, E_0 \subset A$, 且 $P(E_0) < 0$, 这里 E_0 不可能是可测负集. 若 E_0 是可测负集, 则 $B \bigcup E_0$ 是可测负集, $P(B \bigcup E_0) < \alpha$, 与 α 定义矛盾, 故存在 E_0 的可测子集 $\widetilde{E}_1, P(\widetilde{E}_1) > 0$, 且必存在正整数 k, 使得 $P(\widetilde{E}_1) \geqslant \dfrac{1}{k}$. 记一切适合这个条件的 k 中最小者为 k_1, 则存在 E_0 的可测子集 E_1, 使得 $P(E_1) \geqslant \dfrac{1}{k_1}$, 于是

$$P(E_0 - E_1) = P(E_0) - P(E_1) \leqslant P(E_0) - \frac{1}{k_1} < 0.$$

在上述讨论中, 用 $E_0 - E_1$ 代替上述的 E_0, 那么存在 $E_2 \subset E_0 - E_1$ 和正整数 k_2, 使得 $P(E_2) \geqslant \dfrac{1}{k_2}, P(E_0 - E_1 - E_2) \leqslant P(E_0 - E_1) - \dfrac{1}{k_2}$.

如此下去, 存在 $\{E_n\} \subset \mathcal{F}, E_n \subset E_0, E_n \bigcap E_m = \varnothing (n \neq m), k_1 \leqslant k_2 \leqslant \cdots \leqslant k_n \leqslant \cdots$, 使得 $P(E_n) \geqslant \dfrac{1}{k_n}$. 由于 $E_0 = \left(\bigcup\limits_{n=1}^{\infty} E_n \right) \bigcup \left(E_0 - \bigcup\limits_{n=1}^{\infty} E_n \right)$, 且

$$P(E_0) = P\left(\bigcup_{n=1}^{\infty} E_n \right) + P\left(E_0 - \bigcup_{n=1}^{\infty} E_n \right) < 0.$$

若 $\sum\limits_{n=1}^{\infty} \dfrac{1}{k_n} = \infty$, 则 $P\left(E_0 - \bigcup\limits_{n=1}^{\infty} E_n \right) = -\infty$, 与假设矛盾. 故必有 $\lim\limits_{n \to \infty} \dfrac{1}{k_n} = 0$.

既然有 $\lim\limits_{n \to \infty} \dfrac{1}{k_n} = 0$, 对于 $H = E_0 - \bigcup\limits_{n=1}^{\infty} E_n$, 不可能再找出子集 $\widetilde{H} \subset H, \widetilde{H} \subset \mathcal{F}$, 使得 $P(\widetilde{H}) > 0$ (否则, 存在 k', 使得 $P(\widetilde{H}) > \dfrac{1}{k'}, \dfrac{1}{k'} \leqslant \dfrac{1}{k_n}$, 与 $\lim\limits_{n \to \infty} \dfrac{1}{k_n} = 0$ 矛盾). 故 H 是 P 的负集, 且

$$P(H) = P(E_0) - \sum_{n=1}^{\infty} P(E_n) < P(E_0) < 0.$$

从而 $P(B \bigcup H) < \alpha$, 与 α 定义矛盾. 因此 A 是正集. ■

哈恩分解定理本质上是对集合进行分解. 利用这个分解, 可以得到如下分解.

定理 2 (若尔当分解定理)　设 P 是 $(\Omega, \mathcal{F})$ 上的广义测度, 则必存在 $(\Omega, \mathcal{F})$ 上的两个测度 P^+, P^-, 使得 $P(E) = P^+(E) - P^-(E), E \in \mathcal{F}$, 且存在 α, 使得 $P^-(E) \leqslant \alpha$.

证明: 由哈恩分解定理, 存在 Ω 的两个子集 A, B, 这里 $A \in \mathcal{F}, B \in \mathcal{F}, A \bigcap B = \varnothing, A \bigcup B = \Omega$, A 是 P 的正集, B 是 P 的负集. 对于 $E \in \mathcal{F}$, 令

$$P^+(E) = P(E \bigcap A), \qquad P^-(E) = -P(E \bigcap B).$$

由哈恩分解定理, 可知 P^+, P^- 均为测度, 且 $P^-(E) \leqslant \alpha$. ■

这里 P^+ 是 P 的**正变差测度**, P^- 是 P 的**负变差测度**. 称 $|P| = P^+ + P^-$ 为 P 的**全变差测度**. 由上述两个定理可知, 若 P 是 $(\Omega, \mathcal{F})$ 上的广义测度, 则 P 必可以写为两个测度的差.

下面我们来证明拉东 – 尼科迪姆定理 (定理 1.1.2).

证明: 首先证明唯一性. 若还存在 η, 使得

$$Q(E) = \int_E \eta \, \mathrm{d}P.$$

考虑集合 $\Omega(\eta > \xi) = \{\omega \in \Omega : \eta(\omega) > \xi(\omega)\}$, 有

$$Q(\Omega(\eta > \xi)) = \int_{\Omega(\eta > \xi)} \xi \, \mathrm{d}P = \int_{\Omega(\eta > \xi)} \eta \, \mathrm{d}P.$$

故 $\displaystyle\int_{\Omega(\eta > \xi)} (\xi - \eta) \, \mathrm{d}P = 0$. 由于 $\eta - \xi$ 在 $\Omega(\eta > \xi)$ 上非负, 故 $P(\Omega(\eta > \xi)) = 0$. 同理有 $P(\Omega(\eta < \xi)) = 0$. 因此 ξ 是唯一的.

下面证明 ξ 的存在性. 设 P, Q 是概率测度, 记 $\mathscr{L}$ 是 $(\Omega, \mathcal{F})$ 上满足对于任意 $E \in \mathcal{F}, \int_E \eta \, \mathrm{d}P \leqslant Q(E)$ 的 η 全体. 由于 $\eta = 0 \in \mathscr{L}$, 故 $\mathscr{L} \neq \varnothing$. 令

$$\alpha = \sup_{\eta \in \mathscr{L}} \left\{ \int_\Omega \eta \, \mathrm{d}P \right\} \leqslant Q(\Omega) = 1,$$

则存在 $\eta_n \in \mathscr{L}$, 使得 $\lim\limits_{n \to \infty} \int_\Omega \eta_n \, \mathrm{d}P = \alpha$. 令 $\xi_0 = \sup\limits_n \{\eta_n\}$, 下面证明 $\xi_0 \in \mathscr{L}$.

由于 $\xi_0 = \sup\limits_n \{\eta_n\} = \lim\limits_{n \to \infty} \max\{\eta_1, \eta_2, \cdots, \eta_n\}$, 设 $\xi_n = \max\{\eta_1, \eta_2, \cdots, \eta_n\}$, 对于 n, 存在 n 个互不相交的集合 $E_1, E_2, \cdots, E_n, \Omega = \bigcup\limits_{i=1}^n E_i$. 当 $\omega \in E_i$ 时, $\xi_n = \eta_i$,

$$\int_E \xi_n \, \mathrm{d}P = \int_{\bigcup\limits_{i=1}^n (E \cap E_i)} \xi_n \, \mathrm{d}P = \sum_{i=1}^n \int_{E \cap E_i} \eta_i \, \mathrm{d}P$$

$$\leqslant \sum_{i=1}^n Q(E \cap E_i) = Q(E),$$

故 $\xi_n \in \mathscr{L}$, 且 $\xi_1 \leqslant \xi_2 \leqslant \cdots \leqslant \xi_n$, 由莱维引理可知, $\xi_0 = \lim\limits_{n \to \infty} \xi_n$ 在 E 上可积, 且 $\lim\limits_{n \to \infty} \int_E \xi_n \, \mathrm{d}P = \int_E \xi_0 \, \mathrm{d}P \leqslant Q(E)$. 故 $\xi_0 \in \mathscr{L}$.

令

$$Q_0 = Q(E) - \int_E \xi_0 \, \mathrm{d}P, \quad E \in \mathcal{F}.$$

下面证明对于任意 $E \in \mathcal{F}, Q_0(E) = 0$.

利用反证法. 若存在 $E_0 \in \mathcal{F}, Q_0(E_0) \neq 0$. 由于 Q_0 是 $(\Omega, \mathcal{F})$ 上的概率测度, $Q_0(E_0) > 0$, 故存在 n, 使得 $\left(Q_0 - \dfrac{1}{n}P\right)(E_0) > 0$. 由于不能保证 $Q_0 - \dfrac{1}{n}P$ 是概率测度, 由哈恩分解定理, 存在 A, 使得 $\left(Q_0 - \dfrac{1}{n}P\right)(A) > 0$, 且对于 A 的任意可测子集 A_1, 有 $\left(Q_0 - \dfrac{1}{n}P\right)(A_1) \geqslant 0$. 由于 $Q \ll P$, 故 $P(A) > 0$.

作函数 $\xi_1 = \xi_0 + \dfrac{1}{n}\mathbf{1}_A$, 对于 $E \in \mathcal{F}$,

$$\int_E \xi_1 \, \mathrm{d}P = \int_{E \cap A} \left(\xi_0 + \frac{1}{n}\mathbf{1}_A\right) \mathrm{d}P + \int_{E-A} \xi_0 \, \mathrm{d}P$$

$$\leqslant (Q - Q_0)(E \cap A) + \frac{1}{n}P(E \cap A) + Q(E - A)$$

$$= Q(E \cap A) - \left(Q_0 - \frac{1}{n}P\right)(E \cap A) + Q(E - A) \leqslant Q(E),$$

故 $\xi_1 \in \mathscr{L}$. 但

$$\int_\Omega \xi_1 \, \mathrm{d}P = \int_\Omega \xi_0 \, \mathrm{d}P + \frac{1}{n} \int_\Omega \mathbf{1}_A \, \mathrm{d}P > \alpha,$$

与 α 定义矛盾. 故 $Q_0(E) = 0 \ (E \in \mathcal{F})$.

因此对任意 $E \in \mathcal{F}$,

$$Q(E) = \int_E \xi \, \mathrm{d}P \quad (令 \xi = \xi_0).$$ ■

习 题 1

1. 设 $X_1, X_2, \cdots$ 是独立同分布的随机变量, 且

$$P(X_1 = 3) = P(X_1 = -1) = \frac{1}{2}.$$

令 $S_n = \sum_{i=1}^{n} X_i, \mathcal{F}_n = \sigma(X_1, X_2, \cdots, X_n)$.

(1) 求 $E[S_n], E[S_n^2], E[S_n^3]$;

(2) 若 $m < n$, 求 $E[S_n|\mathcal{F}_m], E[S_n^2|\mathcal{F}_m], E[S_n^3|\mathcal{F}_m]$;

(3) 求 $E[X_1|S_n]$;

(4) 求 $E[X_1|S_n, X_2]$.

2. 设 Y, Z 是独立的随机变量, 且均服从标准正态分布, 求 $E[\mathrm{e}^{YZ^2}|Z]$.

3. 若 ξ 是可积的随机变量, 证明: $E|\xi| = \int_0^\infty P(|\xi| > t) \, \mathrm{d}t$.

4. 设 $\{\xi_n\}$ 是一列一致有界的非负随机变量, ξ 是非负有界的连续型随机变量, 若 ξ_n 弱收敛于 ξ, 证明: $\lim\limits_{n \to \infty} E[\xi_n] = E[\xi]$.

5. 设 $X_1, X_2, \cdots, X_n$ 是同分布的随机变量, 且均服从标准正态分布, 证明: 存在与 n 无关的常数 $C > 0$, 使得 $E\left[\max\limits_{1 \leqslant i \leqslant n} |X_i|\right] \leqslant C\sqrt{\log n}$.

6. 设 $X_1, X_2, \cdots, X_n$ 是独立同分布的随机变量, 且均服从标准正态分布, 证明: 存在与 n 无关的常数 $C_1 > 0, C_2 > 0$, 使得

$$C_1\sqrt{\log n} \leqslant E\left[\max\limits_{1 \leqslant i \leqslant n} |X_i|\right] \leqslant C_2\sqrt{\log n}.$$

部分习题参考答案

第 2 章 离散时间鞅

本章主要介绍离散时间鞅的定义与性质.

§2.1 定义与性质

在随机过程中, 鞅是重要的分支之一. 利用鞅的性质, 很多概率问题迎刃而解. 本书主要围绕鞅对随机过程展开讨论. 在这一章中, 我们首先介绍离散时间鞅.

设 $(\Omega, \mathcal{F}, P)$ 是一个完备概率空间, 即 $\mathcal{F}$ 包含任意 P–零集的全部子集. $\{\mathcal{F}_n\}_{n \geqslant 0}$ 是 $\mathcal{F}$ 的一列子 σ–代数, 且 $\mathcal{F}_n \subseteq \mathcal{F}_{n+1}$. 若无特别说明, 则假设 $\mathcal{F}_0$ 包含所有 P–零集, $\{\mathcal{F}_n\}_{n \geqslant 0}$ 称为**流**. $(\Omega, \mathcal{F}, \{\mathcal{F}_n\}_{n \geqslant 0}, P)$ 称为**带流概率空间**. 一个**随机过程** $X = (X_n)_{n \geqslant 0}$, 是指对于每个 n, X_n 是 $(\Omega, \mathcal{F}, P)$ 上的随机变量.

定义 2.1.1 对于 $(\Omega, \mathcal{F}, \{\mathcal{F}_n\}_{n \geqslant 0}, P)$ 上的随机过程 $X = (X_n)_{n \geqslant 0}$, 如果 X_n 是 $\mathcal{F}_n$– 可测的, 那么称 $X = (X_n)_{n \geqslant 0}$ 是 $\mathcal{F}_n$– **适应**的, 简称**适应**的.

例 2.1.1 设 $X = (X_n)_{n \geqslant 0}$ 是 $(\Omega, \mathcal{F}, P)$ 上的一列随机变量, 令 $\mathcal{F}_n = \sigma(X_k : k \leqslant n)$, 显然 X 在 $(\Omega, \mathcal{F}, \{\mathcal{F}_n\}_{n \geqslant 0}, P)$ 上是适应的.

定义 2.1.2 给定 $(\Omega, \mathcal{F}, \{\mathcal{F}_n\}_{n \geqslant 0}, P)$ 上的随机过程 $X = (X_n)_{n \geqslant 0}$, 对于每个 $n \geqslant 0, E[|X_n|] < \infty$, 且 X 是适应的. 若对所有的 $n \geqslant 1, E[X_n | \mathcal{F}_{n-1}] = X_{n-1}$, 则称 $X = (X_n)_{n \geqslant 0}$ 是 $(\Omega, \mathcal{F}, \{\mathcal{F}_n\}_{n \geqslant 0}, P)$ 上的**鞅**. 若对所有的 $n \geqslant 1, E[X_n | \mathcal{F}_{n-1}] \geqslant X_{n-1}$, 则称 $X = (X_n)_{n \geqslant 0}$ 是 $(\Omega, \mathcal{F}, \{\mathcal{F}_n\}_{n \geqslant 0}, P)$ 上的**下鞅**. 若对所有的 $n \geqslant 1, E[X_n | \mathcal{F}_{n-1}] \leqslant X_{n-1}$, 则称 $X = (X_n)_{n \geqslant 0}$ 是 $(\Omega, \mathcal{F}, \{\mathcal{F}_n\}_{n \geqslant 0}, P)$ 上的**上鞅**.

一般情况下, 在给定带流概率空间 $(\Omega, \mathcal{F}, \{\mathcal{F}_n\}_{n \geqslant 0}, P)$ 后, 本书后面简称 $X = (X_n)_{n \geqslant 0}$ 是鞅 (下鞅、上鞅).

例 2.1.2 设 $\{\xi_n\}$ 是 $(\Omega, \mathcal{F}, P)$ 上的一个独立的伯努利序列, $P(\xi_n = 1) = \dfrac{1}{2}, P(\xi_n = -1) = \dfrac{1}{2}$. 令 $X_0 = 0$, $X_n = \sum\limits_{i=1}^{n} \xi_i$, $\mathcal{F}_n = \sigma(\xi_1, \xi_2, \cdots, \xi_n)$. 又设 $H = (H_n)_{n \geqslant 1}$ 是一列随机变量, 且 H_n 是 $\mathcal{F}_{n-1}$– 可测的. 令 $Y_0 = 0$, 且当 $n \geqslant 1$ 时,

$$Y_n = Y_{n-1} + H_n(X_n - X_{n-1}),$$

证明 $X = (X_n)_{n \geqslant 0}, Y = (Y_n)_{n \geqslant 0}$ 是鞅.

证明: 注意到

$$E[X_n | \mathcal{F}_{n-1}] = E\left[\sum_{i=1}^{n-1} \xi_i + \xi_n | \mathcal{F}_{n-1}\right] = \sum_{i=1}^{n-1} \xi_i + E[\xi_n] = X_{n-1},$$

因此 $X = (X_n)_{n \geqslant 0}$ 是鞅. 进一步,

$$E[Y_n|\mathcal{F}_{n-1}] = Y_{n-1} + H_n E[X_n - X_{n-1}|\mathcal{F}_{n-1}] = Y_{n-1},$$

故 $Y = (Y_n)_{n \geqslant 0}$ 是鞅. ∎

例 2.1.3 设 $(\Omega, \mathcal{F}, P)$ 上有一列独立同分布的随机变量 $\{\xi_n\}$, $E[\xi_n] = 0$, $E[\xi_n^2] = 1$, $S_n = \sum\limits_{i=1}^{n} \xi_i$, $\mathcal{F}_n = \sigma(\xi_1, \xi_2, \cdots, \xi_n)$, 证明 $(S_n^2 - n)_{n \geqslant 0}$ 是鞅.

证明: 注意到当 $n > m$ 时,

$$E[S_n^2|\mathcal{F}_m] = E[(S_n - S_m + S_m)^2|\mathcal{F}_m] = E[(S_n - S_m)^2 + S_m^2 + 2(S_n - S_m)S_m|\mathcal{F}_m],$$

这里 $E[(S_n - S_m)^2|\mathcal{F}_m] = n - m$, $E[2(S_n - S_m)S_m|\mathcal{F}_m] = 0$, 故

$$E[(S_n^2 - n)|\mathcal{F}_m] = S_m^2 - m.$$

因此 $(S_n^2 - n)_{n \geqslant 0}$ 是鞅. ∎

例 2.1.4 设 $\{Y_n\}$ 是独立同分布的随机变量, f_0, f_1 是两个密度函数, $f_0 > 0$. 令

$$X_n = \frac{f_1(Y_1)f_1(Y_2)\cdots f_1(Y_n)}{f_0(Y_1)f_0(Y_2)\cdots f_0(Y_n)}, \quad \mathcal{F}_n = \sigma(Y_1, Y_2, \cdots, Y_n),$$

证明: 若 f_0 是 Y_n 的密度函数, 则 $(X_n)_{n \geqslant 0}$ 是鞅.

证明: 由于

$$E[X_{n+1}|\mathcal{F}_n] = X_n E\left[\frac{f_1(Y_{n+1})}{f_0(Y_{n+1})}\bigg|\mathcal{F}_n\right] = X_n E\left[\frac{f_1(Y_{n+1})}{f_0(Y_{n+1})}\right],$$

$$E\left[\frac{f_1(Y_{n+1})}{f_0(Y_{n+1})}\right] = \int_{-\infty}^{\infty} \frac{f_1(y)}{f_0(y)} f_0(y)\,\mathrm{d}y = \int_{-\infty}^{\infty} f_1(y)\,\mathrm{d}y = 1,$$

故 $(X_n)_{n \geqslant 0}$ 是鞅. ∎

例 2.1.5 设 $\{X_n\}$ 是一列 $\mathcal{F}_n$–适应的可积随机变量, 满足

$$E[X_{n+1}|\mathcal{F}_n] = \alpha X_n + \beta X_{n-1}, \quad \alpha + \beta = 1, \ \alpha > 0, \ \beta > 0,$$

求 a, 使得 $Y_0 = X_0, Y_n = aX_n + X_{n-1}$ 是鞅.

解: 事实上,

$$\begin{aligned}
E[Y_{n+1}|\mathcal{F}_n] &= E[(aX_{n+1} + X_n)|\mathcal{F}_n] \\
&= a\alpha X_n + a\beta X_{n-1} + X_n,
\end{aligned}$$

即

$$E[Y_{n+1}|\mathcal{F}_n] = (a\alpha + 1)X_n + a\beta X_{n-1}.$$

由于 $(Y_n)_{n \geqslant 0}$ 是鞅, 故

$$E(Y_{n+1}|\mathcal{F}_n) = Y_n = aX_n + X_{n-1},$$

即

$$a\alpha + 1 = a, \ a\beta = 1,$$

有 $a = \dfrac{1}{\beta}$. ■

例 2.1.6 证明: 带流概率空间 $(\Omega, \mathcal{F}, \{\mathcal{F}_n\}_{n \geqslant 0}, P)$ 上的下鞅 $(X_n)_{n \geqslant 0}$ 可唯一分解为 $X_n = Y_n + Z_n$, 其中 $(Y_n)_{n \geqslant 0}$ 是鞅, $(Z_n)_{n \geqslant 0}$ 是从 0 出发的增过程, $0 = Z_1 < Z_2 < \cdots < Z_n \in \mathcal{F}_{n-1}$.

证明: $(X_n)_{n \geqslant 0}$ 是下鞅, 故 $E[X_n | \mathcal{F}_{n-1}] \geqslant X_{n-1}$. 首先, 若 X_n 存在分解 $X_n = Y_n + Z_n$, 则

$$\begin{aligned}
Z_{n+1} - Z_n &= E[(Z_{n+1} - Z_n) | \mathcal{F}_n] \\
&= E[(X_{n+1} - Y_{n+1} - X_n + Y_n) | \mathcal{F}_n] \\
&= E[X_{n+1} | \mathcal{F}_n] - X_n.
\end{aligned}$$

由于 $Z_1 = 0$, 故

$$Z_n = \sum_{j=0}^{n-1} (E[X_{j+1} | \mathcal{F}_j] - X_j).$$

因此分解唯一, 且利用上式可达到分解的目的. ■

停时在随机分析的研究中扮演了十分重要的角色, 毫不夸张地说, 停时是随机分析这个学科中极具特色的概念. 我们首先给出停时的定义.

定义 2.1.3 在 $(\Omega, \mathcal{F}, \{\mathcal{F}_n\}_{n \geqslant 0}, P)$ 上, τ 是一个可取值为 ∞ 的非负整数值随机变量, 且满足对于任意 n, $\{\omega : \tau(\omega) \leqslant n\} \in \mathcal{F}_n$, 称 τ 是**停时**或 $\mathcal{F}_n-$ **停时**.

例 2.1.7 当 A 是博雷尔集时, $X = (X_n)_{n \geqslant 0}$ 是 $\mathcal{F}_n-$ 适应的, 定义

$$\tau(\omega) = \inf\{n : X_n(\omega) \in A\}.$$

由于

$$\{\tau \leqslant n\} = \bigcup_{k \leqslant n} \{X_k \in A\} \in \mathcal{F}_n,$$

故 τ 是一个停时, 我们往往称 τ 为**首中时**.

下面给出一个和停时有关的例子.

对于停时 T, X_T 是 T 时刻 X 所处的位置, 即

$$X_T(\omega) = X_{T(\omega)}(\omega).$$

定义 2.1.4 对于 $(\Omega, \mathcal{F}, \{\mathcal{F}_n\}_{n \geqslant 0}, P)$ 上的随机过程 $X = (X_n)_{n \geqslant 0}$, 定义 $X^\tau = (X_n^\tau)_{n \geqslant 0}$, $X_n^\tau = X_{\tau \wedge n}$ (这里 $\zeta \wedge n = \min\{\zeta, n\}$), 我们称 X^τ 为**停止过程**.

下面给出一个十分重要的结论 —— 停止定理.

定理 2.1.1 假设 T 是 $(\Omega, \mathcal{F}, \{\mathcal{F}_n\}_{n \geqslant 0}, P)$ 上的停时, $M = (M_n)_{n \geqslant 0}$ 是鞅, 则 $M^T = (M_{n \wedge T})_{n \geqslant 0}$ 是鞅, 且对任意 n, $E[M_{n \wedge T}] = E[M_0]$.

证明:
$$M_n^T - M_{n-1}^T = M_{n \wedge T} - M_{(n-1) \wedge T}$$
$$= \mathbf{1}_{\{T \geqslant n\}}(M_n - M_{n-1}),$$

这里 $\mathbf{1}_{\{T \geqslant n\}} = 1 - \mathbf{1}_{\{T < n\}} \in \mathcal{F}_{n-1}$, 故

$$E[(M_n^T - M_{n-1}^T)|\mathcal{F}_{n-1}] = \mathbf{1}_{\{T \geqslant n\}}E[(M_n - M_{n-1})|\mathcal{F}_{n-1}] = 0.$$

因此 M^T 是鞅, 且 $E[M_{n \wedge T}] = E[M_0]$. ∎

利用控制收敛定理, 有

定理 2.1.2 若 T 是有界停时, 则 $E[M_T] = E[M_0]$.

定理 2.1.2 中停时的有界性是非常强的条件, 我们做如下推广.

定理 2.1.3 设在 $(\Omega, \mathcal{F}, \{\mathcal{F}_n\}_{n \geqslant 0}, P)$ 上, $M = (M_n)_{n \geqslant 0}$ 是鞅, T 是停时, $P(T < \infty) = 1$, $E[|M_T|] < \infty$, 且

$$\lim_{n \to \infty} E[|M_n|\mathbf{1}_{\{T > n\}}] = 0,$$

则 $E[M_T] = E[M_0]$.

证明: 由定理 2.1.1 的证明, M^T 是鞅, $E[M_{n \wedge T}] = E[M_0]$,

$$E[M_{n \wedge T}] = E[M_T] + E[M_{n \wedge T} - M_T],$$
$$M_{n \wedge T} - M_T = \mathbf{1}_{\{T > n\}}(M_n - M_T).$$

由于 $E[|M_T|] < \infty$, 故 $\lim_{n \to \infty} E[M_T \mathbf{1}_{\{T > n\}}] = 0$.

由 $\lim_{n \to \infty} E[|M_n|\mathbf{1}_{\{T > n\}}] = 0$ 知

$$\lim_{n \to \infty} E[M_{n \wedge T} - M_T] = 0,$$

故 $E[M_T] = E[M_0]$. ∎

下面给出两个应用停止定理的例子.

例 2.1.8 令 $X_1, X_2, \cdots$ 是独立同分布的随机变量,

$$P(X_1 = 1) = P(X_1 = -1) = \frac{1}{2},$$
$$S_n = 1 + X_1 + X_2 + \cdots + X_n.$$

S_n 被称为从 1 出发的简单随机游动, 易知 S_n 是鞅, 令

$$K > 1, \quad T = \inf\{n : S_n = 0 \text{ 或 } S_n = K\}.$$

对于 $m > K$, $m = lK + r$, $r = 1, 2, \cdots, K - 1$. 当 $\{T > m\}$ 发生时, m 之前任意相邻 K 步中 X_i 的符号不可能相同, 否则必有提前到访 0 或 K.

$$P\{T > m\} \leqslant \left[1 - \left(\frac{1}{2}\right)^K - \left(\frac{1}{2}\right)^K\right]^l,$$
$$P(T < \infty) = 1 - \lim_{m \to \infty} P(T > m) = 1.$$

令 $M = S^T$, $\{M_n\} = \{S_{n \wedge T}\}$ 是鞅, 故

$$1 = M_0 = E[M_T] = 0 \cdot P(M_T = 0) + K \cdot P(M_T = K).$$

因此
$$P(M_T = K) = \frac{1}{K}, \ P(M_T = 0) = 1 - \frac{1}{K}.$$

例 2.1.9　令 $X_1, X_2, \cdots$ 是独立同分布的随机变量, 对于任意 $n \geqslant 1$, $|X_n| \leqslant 1$, $E[X_1] = 0$, $E[X_1^2] = 1$, $S_n = X_1 + X_2 + \cdots + X_n$. 由切比雪夫不等式,

$$P(S_n \geqslant x) \leqslant \frac{E[S_n^2]}{x^2} = \frac{n}{x^2}.$$

事实上, 借助鞅及停止定理可以得到更强更精细的结论. 考虑当 $x > 0$ 时,

$$P\left(\max_{1 \leqslant k \leqslant n} S_k \geqslant x\right)$$

的上界.

集合 $\left\{\max\limits_{1 \leqslant k \leqslant n} S_k \geqslant x\right\}$ 可以写为 $\{$存在整数 $k \in (0, n]$, 使得 $S_k \geqslant x\}$. 定义

$$T = \inf\{0 \leqslant k \leqslant n : S_k \geqslant x\},$$

规定 $\inf \varnothing = n$. 对于 $0 < \lambda < 1$, 注意到

$$\frac{\exp\{\lambda S_n\}}{\prod\limits_{i=1}^{n} E[\exp\{\lambda X_i\}]}$$

是鞅, 由停止定理可知

$$E\left[\frac{\exp\{\lambda S_T\}}{\prod\limits_{i=1}^{T} E[\exp\{\lambda X_i\}]}\right] = 1.$$

注意到对于 $x \in \mathbb{R}$,

$$e^x - 1 - x - \frac{x^2}{2} \leqslant \sum_{m=3}^{\infty} \frac{(\max\{0, x\})^m}{m!},$$

于是

$$E[\exp\{\lambda X_1\}] \leqslant 1 + \frac{\lambda^2 E[X_1^2]}{2} + \sum_{m=3}^{\infty} \frac{E[\max\{0, \lambda X_1\}^m]}{m!}.$$

因为对于任意 $n \geqslant 1$, $|X_n| \leqslant 1$, 所以当 $m \geqslant 3$ 时,

$$E[|X_1|^m] \leqslant \frac{m!}{2} E[X_1^2].$$

于是

$$E[\exp\{\lambda X_1\}] \leqslant 1 + \frac{1}{2} \sum_{m=2}^{\infty} \lambda^m = 1 + \frac{\lambda^2}{2(1 - \lambda)}.$$

在集合 $A = \left\{ \max_{1 \leqslant k \leqslant n} S_k \geqslant x \right\}$ 上,

$$\int_A \frac{\exp\{\lambda S_T\}}{\prod_{i=1}^T E[\exp\{\lambda X_i\}]} \, \mathrm{d}P \leqslant 1.$$

然而在 A 上,

$$\frac{\exp\{\lambda S_T\}}{\prod_{i=1}^T E[\exp\{\lambda X_i\}]} \geqslant \exp\left\{ \lambda x - n \log\left(1 + \frac{\lambda^2}{2(1-\lambda)} \right) \right\}.$$

于是

$$P\left(\max_{1 \leqslant k \leqslant n} S_k \geqslant x \right) \leqslant \inf_{\{0 < \lambda < 1\}} \exp\left\{ -\lambda x + n \log\left(1 + \frac{\lambda^2}{2(1-\lambda)} \right) \right\}.$$

取 $\lambda = 1 - \sqrt{\dfrac{n}{2x+n}}$,

$$P\left(\max_{1 \leqslant k \leqslant n} S_k \geqslant x \right) \leqslant \exp\{-x + \sqrt{n(2x+n)}\}.$$

关于停时, 事实上有所谓 T 前事件 $\sigma-$ 域的概念. 下面给出 T 前事件 $\sigma-$ 域的定义, 并给出一些应用.

定义 2.1.5 设 T 是 $(\Omega, \mathcal{F}, \{\mathcal{F}_n\}_{n \geqslant 0}, P)$ 上的停时, 称

$$\mathcal{F}_T = \{A \in \mathcal{F} : \forall n \geqslant 0, \{T \leqslant n\} \bigcap A \in \mathcal{F}_n\}$$

为 T **前事件** $\sigma-$ **域**.

定理 2.1.4 设 $(X_n)_{n \geqslant 0}$ 是 $(\Omega, \mathcal{F}, \{\mathcal{F}_n\}_{n \geqslant 0}, P)$ 上的适应序列, ξ 是随机变量, T 为停时, 令 $X_\infty = \xi$, $X_T(\omega) = X_{T(\omega)}(\omega)$, 则 X_T 是 $\mathcal{F}_T-$ 可测的.

证明: 对于博雷尔集 B, 因为

$$\{X_T \in B\} = \bigcup_{k \in \mathbb{N}} \{X_k \in B\} \bigcap \{T = k\} \bigcup \{X_\infty \in B\} \in \mathcal{F},$$
$$\{X_T \in B\} \bigcap \{T = n\} = \{X_n \in B\} \bigcap \{T = n\} \in \mathcal{F}_n,$$

所以 $\{X_T \in B\} \in \mathcal{F}_T$. 故 X_T 是 $\mathcal{F}_T-$ 可测的. ■

定理 2.1.5 设 T 是有限停时, $\mathcal{F}_T = \sigma(X_T : (X_n)_{n \geqslant 0}$ 是 $(\Omega, \mathcal{F}, \{\mathcal{F}_n\}_{n \geqslant 0}, P)$ 上的适应序列.

证明: 由定理 2.1.4, 令 $\mathcal{G} = \sigma(X_T : (X_n)_{n \geqslant 0}$ 是适应序列), 知 $\mathcal{G} \subset \mathcal{F}_T$.

若 $A \in \mathcal{F}_T$, 令

$$X_n = \mathbf{1}_A \mathbf{1}_{\{T \leqslant n\}},$$

由于 $A \in \mathcal{F}_T$, $\{T \leqslant n\} \in \mathcal{F}_n$, 故

$$A \bigcap \{T \leqslant n\} \in \mathcal{F}_n.$$

从而 $(X_n)_{n\geqslant 0}$ 是适应的. 注意到 $X_T = \mathbf{1}_A$, 故 $A \in \mathcal{G}$. 于是, $\mathcal{F}_T = \mathcal{G}$. ■

下面的定理提供了一个刻画离散时间鞅的充分必要条件.

定理 2.1.6 设 S 和 T 是 $(\Omega, \mathcal{F}, \{\mathcal{F}_n\}_{n\geqslant 0}, P)$ 上的有界停时, 且 $S \leqslant T$, X 是鞅, 则 $E[X_T | \mathcal{F}_S] = X_S$. 反之, 若 $X = (X_n)_{n\geqslant 0}$ 是适应的, $X_0 = 0$, 且 $E[|X_n|] < \infty$, 则 X 是鞅当且仅当对于任意停时 S 和 T, 有 $E[X_T] = E[X_S]$.

证明: 设 X 是鞅, 令

$$H_n = \mathbf{1}_{\{n \leqslant T\}} - \mathbf{1}_{\{n \leqslant S\}}.$$

设 $S \leqslant T \leqslant M$, 当 $n > M$ 时,

$$\begin{aligned}
(H \cdot X)_n &= \sum_{i=1}^{n}(X_{T \wedge i} - X_{T \wedge (i-1)}) - \sum_{i=1}^{n}(X_{S \wedge i} - X_{S \wedge (i-1)}) \\
&= X_T - X_S,
\end{aligned}$$

且 $(H \cdot X)_n$ 是鞅, 故 $E[(H \cdot X)_n] = E[(H \cdot X)_0] = 0$, 即 $E(X_T) = E(X_S)$.

对于 $B \in \mathcal{F}_S$, 取 $S^B = S\mathbf{1}_B + M\mathbf{1}_{B^c}$, $T^B = T\mathbf{1}_B + M\mathbf{1}_{B^c}$ 代入上式.

$$E[X_T \mathbf{1}_B + X_M \mathbf{1}_{B^c}] = E[X_S \mathbf{1}_B + X_M \mathbf{1}_{B^c}],$$

故 $E[X_T | \mathcal{F}_S] = X_S$.

反之, 若对于任意停时 S 和 T, 均有 $E[X_T] = E[X_S]$. 对于 $B \in \mathcal{F}_s$, 令 $T = t\mathbf{1}_B + M\mathbf{1}_{B^c}$, $S = s\mathbf{1}_B + M\mathbf{1}_{B^c}$, 故 $E[X_t | \mathcal{F}_s] = X_s$, 这里 t 和 s 均为小于 M 的正整数. 因此 X 是鞅. ■

§2.2 离散时间鞅不等式与极限定理

鞅的极限定理在研究随机过程中起了十分重要的作用. 鞅的不等式在研究鞅的极限定理中起了至关重要的作用. 我们首先介绍著名的**杜布不等式**.

定理 2.2.1 设 $M = (M_n)_{0 \leqslant n \leqslant N}$ 是 $(\Omega, \mathcal{F}, \{\mathcal{F}_n\}_{n\geqslant 0}, P)$ 上的鞅, $p > 1$, 对于任意 $0 \leqslant n \leqslant N$, $E[|M_n|^p] < \infty$, 那么对 $x > 0$,

$$P(\max_{0 \leqslant n \leqslant N} |M_n| \geqslant x) \leqslant \frac{E[|M_N|^p]}{x^p},$$

$$E[\max_{0 \leqslant n \leqslant N} |M_n|^p] \leqslant \left(\frac{p}{p-1}\right)^p E[|M_N|^p].$$

证明: 若集合 $\{0 \leqslant n \leqslant N : |M_n| \geqslant x\}$ 非空, 定义 $T = \inf\{0 \leqslant n \leqslant N : |M_n| \geqslant x\}$; 若集合 $\{0 \leqslant n \leqslant N : |M_n| \geqslant x\}$ 为空集, 定义 $T = N, T$ 是一个停时. 记 $M^* = \max_{0 \leqslant n \leqslant N} |M_n|$, 由停止定理, 由于 $|M|^p$ 是下鞅, 故

$$\begin{aligned}
E[|M|_N^p] &\geqslant E[|M|_T^p] = E[|M|_T^p \mathbf{1}_{\{M^* \geqslant x\}}] + E[|M|_T^p \mathbf{1}_{\{M^* < x\}}] \\
&\geqslant x^p P\left(\max_{0 \leqslant n \leqslant N} |M_n| \geqslant x\right) + E[|M|_N^p \mathbf{1}_{\{M^* < x\}}].
\end{aligned}$$

于是

$$P\left(\max_{0\leqslant n\leqslant N}|M_n|\geqslant x\right)\leqslant\frac{E[|M_N|^p\mathbf{1}_{\{M^*\geqslant x\}}]}{x^p}\leqslant\frac{E[|M_N|^p]}{x^p}.$$

对于常数 $\eta>0$,

$$E[|M^*\wedge\eta|^p]=E\left[\int_0^{M^*\wedge\eta}px^{p-1}\,\mathrm{d}x\right]=E\left[\int_0^\eta px^{p-1}\mathbf{1}_{\{M^*\geqslant x\}}\,\mathrm{d}x\right]$$

$$=\int_0^\eta px^{p-1}P(M^*\geqslant x)\,\mathrm{d}x\leqslant\int_0^\eta px^{p-2}E[|M_N|\mathbf{1}_{\{M^*\geqslant x\}}]\,\mathrm{d}x$$

$$=pE\left[|M_N|\int_0^{M^*\wedge\eta}x^{p-2}\,\mathrm{d}x\right]=\frac{p}{p-1}E[|M_N|(M^*\wedge\eta)^{p-1}].$$

由赫尔德不等式,

$$E[|M^*\wedge\eta|^p]\leqslant\frac{p}{p-1}E[|M^*\wedge\eta|^p]^{\frac{p-1}{p}}E[|M_N|^p]^{\frac{1}{p}}.$$

令 $\eta\to\infty$, 有

$$E\left[\max_{0\leqslant n\leqslant N}|M_n|^p\right]\leqslant\left(\frac{p}{p-1}\right)^pE[|M_N|^p].\qquad\blacksquare$$

杜布不等式在证明强大数律时会起到重要作用, 此外我们在第 4 章也会用到该不等式. 这一节我们主要讨论鞅的收敛定理, 要用到下面的**杜布上穿不等式**.

定理 2.2.2 设 $M=(M_n)_{n\geqslant0}$ 是 $(\Omega,\mathcal{F},\{\mathcal{F}_n\}_{n\geqslant0},P)$ 上的鞅, 且存在常数 C, 使得 $E[|M_n|]\leqslant C$. 假设 $a,b(a<b)$ 是实数, 令 U_n 是从 0 到 n 时刻, $M=(M_n)$ 从 a 下跳至 b 上的次数, 则

$$E[U_n]\leqslant\frac{|a|+C}{b-a}.$$

证明: 记 $S_1=\inf\{n:M_n\leqslant a\}$, $T_1=\inf\{n>S_1:M_n\geqslant b\}$. 当 $j>1$ 时, $S_j=\inf\{n>T_{j-1}:M_n\leqslant a\}$, $T_j=\inf\{n>S_j:M_n\geqslant b\}$. 令 $W_n=\sum_{k=1}^n B_k(M_k-M_{k-1})$, 定义

$$\begin{aligned}B_n&=0,\quad\text{若 }n-1<S_1,\\B_n&=1,\quad\text{若 }S_j\leqslant n-1<T_j,\\B_n&=0,\quad\text{若 }T_j\leqslant n-1<S_{j+1}.\end{aligned}$$

此时, 记 $B_n=1$, 否则 $B_n=0$. 例如, 若 $S_1=4$, $T_1=6$, $S_2=8$, $T_2=10$,

$$\begin{aligned}\text{当 }n=5\text{ 时},\quad &B_5=1,\ S_1\leqslant4<6,\\\text{当 }n=6\text{ 时},\quad &B_6=1,\ S_1\leqslant5<6,\end{aligned}$$

因此

$$B_5(M_5-M_4)+B_6(M_6-M_5)=M_6-M_4.$$

$$当 n = 7 时, \quad B_7 = 0, \ T_1 \leqslant 6 < 8,$$
$$当 n = 8 时, \quad B_8 = 0, \ T_1 \leqslant 7 < 8,$$
$$当 n = 9 时, \quad B_9 = 1, \ S_2 \leqslant 8 < 10,$$
$$当 n = 10 时, \quad B_{10} = 1, \ S_2 \leqslant 9 < 10,$$

因此

$$B_9(M_9 - M_8) + B_{10}(M_{10} - M_9) = M_{10} - M_8.$$

故当 $T_j < n \leqslant T_{j+1}$ 时, $U_n = j$. 因此

$$W_n \geqslant U_n(b - a) + (M_n - a).$$

由于 W_n 是鞅, $E[W_n] = E[W_0] = 0$. 故

$$E[U_n(b - a)] \leqslant E[a - M_n],$$

即 $E[U_n] \leqslant \dfrac{|a| + C}{b - a}$. ∎

利用杜布上穿不等式, 有如下极限定理.

定理 2.2.3 给定 $(\Omega, \mathcal{F}, \{\mathcal{F}_n\}_{n \geqslant 0}, P)$ 上的鞅 $M = (M_n)_{n \geqslant 0}$, 若对任意 n, $E[|M_n|] \leqslant C$, $C > 0$, 则存在 M_∞, 使得

$$\lim_{n \to \infty} M_n = M_\infty \quad \text{a.s.}$$

证明: 设 $M^* = \limsup_{n \to \infty} M_n$, $M_* = \liminf_{n \to \infty} M_n$,

$$\{M^* > M_*\} = \bigcup_{a, b \in Q} \{M_* < a < b < M^*\}.$$

下证 $P(\{M_* < a < b < M^*\}) = 0$.

由于 $\{M_* < a < b < M^*\} \subset \{U_\infty = \infty\}$, 且

$$E[U_\infty] \leqslant \frac{|a| + C}{b - a} < \infty,$$

故 $U_\infty < \infty$ a.s. 从而 $P(\{M_* < a < b < M^*\}) = 0$. 因此 $P(\{M_* < M^*\}) = 0$, 即

$$\lim_{n \to \infty} M_n = M_\infty \quad \text{a.s.}$$ ∎

下面给出一个十分重要的定理, 该定理刻画了一致可积鞅的形式.

定理 2.2.4 若 $M = (M_n)_{n \geqslant 0}$ 是 $(\Omega, \mathcal{F}, \{\mathcal{F}_n\}_{n \geqslant 0}, P)$ 上的一致可积鞅, 则

$$\lim_{n \to \infty} E[|M_n - M_\infty|] = 0,$$

且 $M_n = E[M_\infty | \mathcal{F}_n]$.

证明: 由于 $\{M_n\}$ 是一致可积的. 由定理 2.2.3 知, $E|M_n - M_\infty| \xrightarrow{\text{a.s.}} 0, n \to \infty$. 当 $m > n$ 时, $E[M_m|\mathcal{F}_n] = M_n$, 对于 $B \in \mathcal{F}_n$,

$$\int_B E[M_m|\mathcal{F}_n]\,\mathrm{d}P = \int_B M_m\,\mathrm{d}P.$$

由于

$$\lim_{n \to \infty} E[|M_n - M_\infty|] = 0,$$

故

$$\int_B M_m\,\mathrm{d}P \longrightarrow \int_B M_\infty\,\mathrm{d}P,$$

而由条件数学期望,

$$\int_B M_\infty\,\mathrm{d}P = \int_B E[M_\infty|\mathcal{F}_n]\,\mathrm{d}P,$$

从而

$$\lim_{m \to \infty} \int_B E[M_m|\mathcal{F}_n]\,\mathrm{d}P = \int_B E[M_\infty|\mathcal{F}_n]\,\mathrm{d}P.$$

由于对任意 $m > n$, $E[M_m|\mathcal{F}_n] = M_n$, 故

$$\int_B M_n\,\mathrm{d}P = \int_B E[M_\infty|\mathcal{F}_n]\,\mathrm{d}P.$$

因此 $E[M_\infty|\mathcal{F}_n] = M_n$. ∎

利用上述一致可积鞅的结论, 我们可以得到停止定理的加强版本.

定理 2.2.5 若 $M = (M_n)_{n \geqslant 0}$ 是 $(\Omega, \mathcal{F}, \{\mathcal{F}_n\}_{n \geqslant 0}, P)$ 上的一致可积鞅, S 和 T 是两个停时, 且 $S \leqslant T$, 则 M_T 和 M_S 是可积的, 且 $E[M_T|\mathcal{F}_S] = M_S$.

证明: 先来证明 M_S 的可积性. 令

$$S_n = S\mathbf{1}_{\{S \leqslant n\}} + \infty\mathbf{1}_{\{S > n\}},$$

可以在集合 $\{0, 1, 2, \cdots, n, n+1\}$ 与 $\{0, 1, 2, \cdots, n, \infty\}$ 之间建立一个保序同构. 由定理 2.2.4 可知存在 M_∞, 使得 $M_n = E[M_\infty|\mathcal{F}_n]$. 可以在 $n+1$ 的位置, 将原来的 M_{n+1} 替换为 M_∞, 因此由定理 2.1.6 可知

$$M_{S_n} = E[M_\infty|\mathcal{F}_{S_n}].$$

由于 $\{S = S_n\} \uparrow \Omega$, 故

$$M_S = E[M_\infty|\mathcal{F}_S],$$

得到 M_S 是可积的. 同理, 有 $M_T = E[M_\infty|\mathcal{F}_T]$. 于是

$$E[M_T|\mathcal{F}_S] = E[E[M_\infty|\mathcal{F}_T]|\mathcal{F}_S].$$

由于 $S \leqslant T$, 由 $\mathcal{F}_S$ 及 $\mathcal{F}_T$ 的定义可知 $\mathcal{F}_S \subset \mathcal{F}_T$, 故

$$E[M_T|\mathcal{F}_S] = E[M_\infty|\mathcal{F}_S] = M_S. \qquad ∎$$

下面的例子生动刻画了鞅的极限定理的作用.

例 2.2.1 波利亚罐子模型.

假设有一个罐子, 罐子中有红球和白球. 当 $n = 0$ 时, 有一个红球一个白球. 设 R_n 为 n 时刻红球的个数, G_n 为 n 时刻白球的个数, 即

$$R_0 = 1, G_0 = 1.$$

在罐子中随机摸一个球, 看颜色, 将球放回, 并将一个相同颜色的球同时放入, 即有

$$R_n + G_n = 2 + n.$$

记 $M_n = \dfrac{R_n}{R_n + G_n} = \dfrac{R_n}{2 + n}$ 为红球比例. 令

$$\mathcal{F}_n = \sigma(M_1, M_2, \cdots, M_n) = \sigma(R_1, R_2, \cdots, R_n).$$

事实上, 这里有 $E[R_{n+1}|\mathcal{F}_n] = E[R_{n+1}|R_n]$.

下证 $\{M_n\}$ 是一个鞅.

由于 $E[M_{n+1}|\mathcal{F}_n] = E[M_{n+1}|M_n]$,

$$E[M_{n+1}|M_n] = E\left[\frac{R_{n+1}}{n+3}\Big|R_n\right],$$

$$P(R_{n+1} = k+1|R_n = k) = \frac{k}{n+2},$$

$$P(R_{n+1} = k|R_n = k) = \frac{n+2-k}{n+2},$$

故

$$\begin{aligned}
E[R_{n+1}|R_n] &= \frac{R_n}{n+2} \cdot (R_n + 1) + \left(1 - \frac{R_n}{n+2}\right) \cdot R_n \\
&= R_n \cdot \frac{R_n}{n+2} + \frac{R_n}{n+2} + R_n - \frac{R_n}{n+2} \cdot R_n \\
&= R_n + \frac{R_n}{n+2}.
\end{aligned}$$

于是

$$E[M_{n+1}|M_n] = \frac{1}{n+3}E[R_{n+1}|R_n] = \frac{1}{n+3}\left(R_n + \frac{R_n}{n+2}\right) = \frac{R_n}{n+2} = M_n.$$

故 $(M_n)_{n \geqslant 0}$ 是鞅. 注意到

$$E[|M_n|] = E[M_n] = E[M_0] = \frac{1}{2},$$

因此存在 M_∞, 使得 $\lim\limits_{n \to \infty} M_n = M_\infty$ a.s.

下面来求 M_∞ 的分布.

当 $n = 1$ 时, $M_1 = \dfrac{R_1}{3}$, $R_1 = 1$ 的概率为 $\dfrac{1}{2}$, $R_1 = 2$ 的概率为 $\dfrac{1}{2}$. 故

$$P\left(M_1 = \frac{1}{3}\right) = \frac{1}{2}, \ P\left(M_1 = \frac{2}{3}\right) = \frac{1}{2}.$$

当 $n = 2$ 时, $M_2 = \dfrac{R_2}{4}$,

$R_2 = 1$ 的概率为 $\dfrac{1}{2} \cdot \dfrac{2}{3} = \dfrac{1}{3}$ (第一次是白球, 第二次仍是白球).

$R_2 = 2$ 的概率为 $\dfrac{1}{2} \cdot \dfrac{1}{3} + \dfrac{1}{2} \cdot \dfrac{1}{3}$

$\quad = \dfrac{1}{3}$ (第一次是白球, 第二次是红球; 第一次是红球, 第二次是白球),

$R_2 = 3$ 的概率为 $\dfrac{1}{2} \cdot \dfrac{2}{3} = \dfrac{1}{3}$ (第一次是红球, 第二次是红球), 故

$$P\left(M_2 = \frac{1}{4}\right) = \frac{1}{3}, \ P\left(M_2 = \frac{2}{4}\right) = \frac{1}{3}, \ P\left(M_2 = \frac{3}{4}\right) = \frac{1}{3}.$$

设当 $n = k$ 时, M_k 服从 $\left\{\dfrac{1}{k+2}, \dfrac{2}{k+2}, \cdots, \dfrac{k+1}{k+2}\right\}$ 上的均匀分布. 当 $n = k+1$ 时,

$R_{k+1} = 1$ 的概率为 $\dfrac{1}{k+1} \cdot \dfrac{k+1}{k+2} = \dfrac{1}{k+2}$,

$R_{k+1} = 2$ 的概率为 $\dfrac{1}{k+1} \cdot \left(1 - \dfrac{k+1}{k+2}\right) + \dfrac{1}{k+1} \cdot \dfrac{k}{k+2} = \dfrac{1}{k+2}$,

$R_{k+1} = 3$ 的概率为 $\dfrac{1}{k+1} \cdot \dfrac{2}{k+2} + \dfrac{1}{k+1} \cdot \dfrac{k-1}{k+2} = \dfrac{1}{k+2}$,

$R_{k+1} = 4$ 的概率为 $\dfrac{1}{k+1} \cdot \dfrac{3}{k+2} + \dfrac{1}{k+1} \cdot \dfrac{k-2}{k+2} = \dfrac{1}{k+2}$,

故当 $n = k+1$ 时, M_{k+1} 服从 $\left\{\dfrac{1}{k+3}, \dfrac{2}{k+3}, \cdots, \dfrac{k+2}{k+3}\right\}$ 上的均匀分布.

从而 M_∞ 服从 $[0,1]$ 上的均匀分布.

习 题 2

1. 设 $X_1, X_2, \cdots$ 是独立同分布的随机变量, 且

$$P(X_1 = 1) = 1 - P(X_1 = -1) = q,$$

这里 $\dfrac{1}{2} < q < 1$, 令 $S_0 = 0$, $S_n = \displaystyle\sum_{i=1}^{n} X_i$, $\mathcal{F}_n = \sigma(X_1, X_2, \cdots, X_n)$.

(1) 判断 S_n 是不是 $(\Omega, \mathcal{F}, \{\mathcal{F}_n\}_{n \geqslant 0}, P)$ 上的鞅;

(2) 求 r, 使得 $M_n = S_n - rn$ 是 $(\Omega, \mathcal{F}, \{\mathcal{F}_n\}_{n \geqslant 0}, P)$ 上的鞅;

(3) 令 $\theta = \dfrac{1-q}{q}$, $M_n = \theta^{S_n}$, 证明: $M = (M_n)_{n \geqslant 0}$ 是 $(\Omega, \mathcal{F}, \{\mathcal{F}_n\}_{n \geqslant 0}, P)$ 上的鞅;

(4) 令 a, b 是正整数,

$$T_{a,b} = \min\{j : S_j = b \ \text{或} \ S_j = -a\},$$

求 $P(S_{T_{a,b}} = b)$;

(5) 求 $P(T_{a,\infty} < \infty)$.

2. 设 $\{\xi_n\}$ 是一个独立同分布序列, 且

$$P(\xi_n = 1) = p, \ P(\xi_n = -1) = 1 - p = q,$$

令 $X_0 = 0$, $X_n = \displaystyle\sum_{i=1}^{n} \xi_i$, 对于 $a > 0$, 记 $T_a = \inf\{n > 0 : X_n = a\}$, 证明: 当 $p > q$ 时, $P(T_a < \infty) = 1$.

3. 设 $X_1, X_2, \cdots$ 是独立同分布的随机变量, 且

$$P(X_1 = 1) = P(X_1 = -1) = \frac{1}{2}.$$

令 $S_0 = 0$, $S_n = \displaystyle\sum_{i=1}^{n} X_i$, $\mathcal{F}_n = \sigma(X_1, X_2, \cdots, X_n)$,

$$T = \min\{n : |S_n| = K\},$$

这里 $K > 0$.

(1) 证明: $P(T \leqslant j + K | T > j) \geqslant 2^{-K}$;

(2) 证明: 存在 $c < \infty$, $\alpha > 0$, 使得对于所有的 j, $P(T > j) \leqslant ce^{-\alpha j}$, 且对任意 $r > 0$, $E[T^r] < \infty$;

(3) 令 $M_n = S_n^2 - n$, 证明: 存在 $C < \infty$, 使得对于所有的 n,

$$E[M_{T \wedge n}^2] \leqslant C.$$

4. 设 $X_1, X_2, \cdots$ 是独立随机变量, 且对于任意 j, $E[X_j] = 0$, $\mathrm{Var}[X_j] = \sigma_j^2$. 令 $S_0 = 0$, $S_n = \displaystyle\sum_{i=1}^{n} X_i$, $\mathcal{F}_n = \sigma(X_1, X_2, \cdots, X_n)$, 且 $\displaystyle\sum_{j=1}^{\infty} \sigma_j^2 < \infty$.

(1) 证明: 以概率 1 有

$$\lim_{n \to \infty} S_n = S_\infty;$$

(2) 求 $E[S_\infty]$, $\mathrm{Var}[S_\infty]$.

5. 设 $X_1, X_2, \cdots$ 是 $(\Omega, \mathcal{F}, \{\mathcal{F}_n\}_{n \geqslant 1}, P)$ 上的一列随机变量, X_n 是 $\mathcal{F}_n-$ 可测的, 且 $E[X_n | \mathcal{F}_{n-1}] = 0$. 令 $S_n = \displaystyle\sum_{i=1}^{n} X_i$, $S_0 = 0$. T 是一个停时, 且 $E[T] < \infty$, 在 $\{T \geqslant n+1\}$ 上,

$$E[|X_{n+1}| | \mathcal{F}_n] \leqslant C,$$

证明: $E[|S_T|] < \infty$ 且 $E[S_T] = 0$.

部分习题参考答案

第 3 章 连续鞅与布朗运动

从这一章开始, 我们进入本书的主要部分: 连续时间随机过程. 我们首先给出相关的定义及结论.

§3.1 流与停时, 连续时间鞅

我们所有讨论的对象均定义在带流概率空间 $(\Omega, \mathcal{F}, \{\mathcal{F}_t\}_{t\in\mathbb{R}_+}, P)$ 上, 这里 $\{\mathcal{F}_t\}_{t\in\mathbb{R}_+}$ 是 $(\Omega, \mathcal{F}, P)$ 上的流, 即 $\mathcal{F}_t$ 是 $\mathcal{F}$ 的子 $\sigma-$ 域. 不仅如此, 我们还要求当 $s < t$ 时, $\mathcal{F}_s \subseteq \mathcal{F}_t, \mathcal{F}_t = \bigcap_{s>t} \mathcal{F}_s$, 且 $(\Omega, \mathcal{F}, P)$ 是完备的, 即对于任意的 $t \in \mathbb{R}_+, \mathcal{F}_t$ 均包含所有 $P-$ 零集.

此外, 我们称 $\Omega \times \mathbb{R}_+$ 的子集为随机集. 我们考虑的随机过程 $X = (X_t)_{t\in\mathbb{R}_+}$, 即 $\Omega \times \mathbb{R}_+$ 到 $\mathbb{R}$ 上的一个映射. 不仅如此, 对于随机过程 $X = (X_t)_{t\in\mathbb{R}_+}$, 对每个 $t \geqslant 0$, X_t 都是随机变量.

通常, 我们考虑的随机过程 $X = (X_t)_{t\in\mathbb{R}_+}$ 是所谓的右连左极过程, 即对于固定的 $\omega \in \Omega, (X_t(\cdot))_{t\in\mathbb{R}_+}$ 作为 t 的函数是右连续且左极限存在的. 对于固定的 $\omega \in \Omega$, 往往称 $(X_t(\cdot))_{t\in\mathbb{R}_+}$ 是 X 的一条轨道. 记 $X_{t-} = \lim_{s\uparrow t} X_s, \Delta X_t = X_t - X_{t-}$. 若对所有 $t, \omega, \Delta X_t = 0$, 则称 X 轨道连续, 也称 X 为**连续轨道随机过程**, 简称**连续过程**.

此处, 我们给出几个定义, 在后面的叙述中会经常用到.

定义 3.1.1 设 X 是一个随机过程, T 是 $\Omega \to \overline{\mathbb{R}}_+$ 的一个映射, 定义 $X_t^T = X_{t\wedge T}$ 为 X 的**停止过程**.

定义 3.1.2 设 A 是一个随机集, 若 $P(\{\omega : \exists t \in \mathbb{R}_+, (\omega, t) \in A\}) = 0$, 则称 A 是**不足道的**.

定义 3.1.3 设 X 与 Y 是两个随机过程, 若随机集 $\{X \neq Y\} = \{(\omega, t) : X_t(\omega) \neq Y_t(\omega)\}$ 是不足道的, 则称 X 与 Y 是**不可区分的**.

定义 3.1.4 设 X 与 Y 是两个随机过程, 若对任意 $t \in \mathbb{R}_+, P(\{\omega : X_t \neq Y_t\}) = 0$, 则称 X 与 Y **互为修正** (modification).

类似于离散时间的情形, 连续时间框架下, 也有停时等概念.

定义 3.1.5 给定带流概率空间 $(\Omega, \mathcal{F}, \{\mathcal{F}_t\}_{t\in\mathbb{R}_+}, P)$, T 是 $\Omega \to \overline{\mathbb{R}}_+$ 上的一个映射, 若 T 满足: 对任意 $t, \{T \leqslant t\} \in \mathcal{F}_t$, 则称 T 为**停时**.

定义 3.1.6 设 $X = (X_t)_{t\geqslant 0}$ 是 $(\Omega, \mathcal{F}, \{\mathcal{F}_t\}_{t\in\mathbb{R}_+}, P)$ 上的随机过程, 若对任意 $t \in \mathbb{R}_+, X_t$ 是 $\mathcal{F}_t-$ 可测的, 则称 X 是**适应的**.

除此之外, 我们还需要如下概念.

定义 3.1.7 给定 $(\Omega, \mathcal{F}, \{\mathcal{F}_t\}_{t \in \mathbb{R}_+}, P)$ 上的适应过程 X, 若对任意 t, 当 $0 \leqslant s \leqslant t$ 时, $X(s, \omega)$ 可看作 $[0, t] \times \Omega \to \mathbb{R}$ 上的映射, 且关于 $\mathcal{B}[0, t] \otimes \mathcal{F}_t$ 可测, 则称 X 是**循序可测过程**.

类似于离散时间的情形, 我们有如下定义.

定义 3.1.8 设 T 是 $(\Omega, \mathcal{F}, \{\mathcal{F}_t\}_{t \in \mathbb{R}_+}, P)$ 上的停时, 称

$$\mathcal{F}_T = \{A \in \mathcal{F} : A \bigcap \{T \leqslant t\} \in \mathcal{F}_t, \forall t\}$$

为 T **前事件 $\sigma-$ 域**.

下面的命题给出了 T 前事件 $\sigma-$ 域的表示.

命题 3.1.1 若 T 是 $(\Omega, \mathcal{F}, \{\mathcal{F}_t\}_{t \in \mathbb{R}_+}, P)$ 上的有限停时, 则

$$\mathcal{F}_T = \sigma(X_T : X \text{ 是适应的右连左极过程}).$$

证明[3]: 令 $\mathcal{G} = \sigma(X_T : X \text{ 是适应的右连左极过程})$, $A \in \mathcal{F}_T$, 定义 $X_t = \mathbf{1}_A \mathbf{1}_{\{T \leqslant t\}}$, 则 X_t 是适应的右连左极过程, 且 $X_T = \mathbf{1}_A$. 于是 $A \in \mathcal{G}$, 因此 $\mathcal{F}_T \subset \mathcal{G}$.

反之, 设 X 是适应的右连左极过程, 下证 X_T 是 $\mathcal{F}_T-$ 可测的.

对于 n, $X_t^n = X_{\frac{k}{2^n}}, t \in \left[\frac{k-1}{2^n}, \frac{k}{2^n}\right), k \in \mathbb{N}_+$.

对于博雷尔集 B,

$$\{X^n \in B\} = \bigcup_{k \in \mathbb{N}_+} \left[\left\{\omega : X_{\frac{k}{2^n}}(\omega) \in B\right\} \times \left[\frac{k-1}{2^n}, \frac{k}{2^n}\right)\right].$$

因此

$$\{X^n \in B\} \in \mathcal{F} \otimes \mathcal{B}_+,$$

这里 $\mathcal{B}_+$ 是 $\mathbb{R}_+$ 上的博雷尔集全体. 故 X^n 是 $\mathcal{F} \otimes \mathcal{B}_+-$ 可测的.

由于 X 是右连续的, 故 X^n 几乎处处收敛于 X, 因此 X 是 $\mathcal{F} \otimes \mathcal{B}_+-$ 可测的.

设 T 是一个停时, 且 $T < \infty$, 定义 T_n 如下:

$$\text{在 } \left\{\frac{k-1}{2^n} \leqslant T < \frac{k}{2^n}\right\} \text{ 上, } T_n = \frac{k}{2^n},$$

显然 T_n 是停时, 且 $T_n \downarrow T$. 对于博雷尔集 B,

$$\{X_{T_n} \in B\} \bigcap \{T_n \leqslant t\} = \bigcup_{k \in \mathbb{N}, \frac{k}{2^n} \leqslant t} \left[\left\{X_{\frac{k}{2^n}} \in B\right\} \bigcap \left\{T_n = \frac{k}{2^n}\right\}\right].$$

显然, 上面的集合在 $\mathcal{F}_t$ 中, 故 X_{T_n} 是 $\mathcal{F}_{T_n}-$ 可测的. 由于 X 是右连续的, 故 X_{T_n} 收敛至 X_T. 因此 X_T 是 $\mathcal{F}_T-$ 可测的. 从而 $\mathcal{G} \subset \mathcal{F}_T$.

综上, $\mathcal{G} = \mathcal{F}_T$. ∎

在连续时间框架下, 鞅定义如下:

定义 3.1.9 设 $(\Omega, \mathcal{F}, \{\mathcal{F}_t\}_{t \in \mathbb{R}_+}, P)$ 是带流概率空间, $X = (X_t)_{t \in \mathbb{R}_+}$ 是其上的适应过程, 且是右连左极的. 若对任意 t, $E[|X_t|] < \infty$, 且对于 $s < t$, $E[X_t | \mathcal{F}_s] = X_s$ a.s., 则称 X 是**鞅**.

通常, 关于鞅的定义中并没有右连左极的假设, 但是可以证明连续时间鞅存在右连左极的修正. 证明参见 [8]. 为讨论方便, 这里直接假设所有的连续时间鞅是右连左极的.

事实上, 在连续时间框架, 由于需要收敛性质的成立, 我们往往更喜欢讨论所谓的一致可积鞅. 下面给出一致可积鞅的定义.

定义 3.1.10 给定 $(\Omega, \mathcal{F}, \{\mathcal{F}_t\}_{t \in \mathbb{R}_+}, P)$ 上的一个鞅 X, 若 $(X_t)_{t \geqslant 0}$ 是一致可积的, 则称 X 是**一致可积鞅**.

定义 3.1.11 若存在一列停时 $(T_n)_{n \geqslant 0}$, $\lim\limits_{n \to \infty} T_n = \infty$, 使得对于适应过程 X, X^{T_n} 是一致可积鞅, 则称 X 是**局部鞅**.

例 3.1.1 ξ 是 $(\Omega, \mathcal{F}, \{\mathcal{F}_t\}_{t \in \mathbb{R}_+}, P)$ 上的可积随机变量, 令 $X_t = E[\xi | \mathcal{F}_t]$, $X = (X_t)_{t \in \mathbb{R}_+}$ 是一致可积鞅.

一致可积鞅是我们讨论的重点, 有如下定理.

定理 3.1.1 若 X 是适应的右连左极过程, 且 X_t 几乎必然收敛于 X_∞, 若对于任意停时 T, X_T 可积且 $E[X_T] = E[X_\infty]$, 则 X 是一致可积鞅.

证明: 若 X_t 几乎必然收敛于 X_∞, X_∞ 可积, 对于 $t \in \mathbb{R}_+$, $A \in \mathcal{F}_t$, 定义

$$T = \begin{cases} t, & \omega \in A, \\ \infty, & \omega \notin A, \end{cases}$$

则

$$E[X_T] = E[X_t \mathbf{1}_A] + E[X_\infty \mathbf{1}_{A^c}], \ E[X_\infty] = E[X_\infty \mathbf{1}_A] + E[X_\infty \mathbf{1}_{A^c}].$$

由假设 $E[X_T] = E[X_\infty]$, 有 $E[X_t \mathbf{1}_A] = E[X_\infty \mathbf{1}_A]$, 故 $X_t = E[X_\infty | \mathcal{F}_t]$. 显然, X 是一致可积鞅. ∎

连续时间情形也有停止定理, 现在我们只对连续轨道鞅进行讨论.

定理 3.1.2 设 X 是 $(\Omega, \mathcal{F}, \{\mathcal{F}_t\}_{t \in \mathbb{R}_+}, P)$ 上连续的一致可积鞅, 若 S, T 是两个停时, 且 $S \leqslant T$, 则 X_S 和 X_T 可积, 且

$$E[X_T | \mathcal{F}_S] = X_S \ \text{a.s.}$$

证明[6]: 对于非负整数 n, 定义

$$T_n = \sum_{k=0}^{\infty} \frac{k+1}{2^n} \cdot \mathbf{1}_{\{k \cdot 2^{-n} < T \leqslant (k+1) \cdot 2^{-n}\}} + \infty \cdot \mathbf{1}_{\{T = \infty\}},$$

$$S_n = \sum_{k=0}^{\infty} \frac{k+1}{2^n} \cdot \mathbf{1}_{\{k \cdot 2^{-n} < S \leqslant (k+1) \cdot 2^{-n}\}} + \infty \cdot \mathbf{1}_{\{S = \infty\}},$$

显然 $\{T_n\}$, $\{S_n\}$ 单调递减收敛至 T 和 S, 且对 $n \geqslant 0$, $S_n \leqslant T_n$.

固定 n, 令 $\mathcal{H}_k^{(n)} = \mathcal{F}_{\frac{k}{2^n}}$, $M_k^{(n)} = X_{\frac{k}{2^n}}$. 这里 $(M_k^{(n)})_{k \geqslant 0}$ 是一致可积鞅. 由定理 2.2.4 可知, X_{S_n}, X_{T_n} 可积, 且

$$X_{S_n} = M_{2^n S_n}^{(n)} = E[M_{2^n T_n}^{(n)} | \mathcal{H}_{2^n S_n}^{(n)}] = E[X_{T_n} | \mathcal{F}_{S_n}].$$

对于 $A \in \mathcal{F}_S$, 由于 $S \leqslant S_n$, 故 $A \in \mathcal{F}_{S_n}$. 于是

$$E[X_{S_n} \mathbf{1}_A] = E[X_{T_n} \mathbf{1}_A].$$

由于 X 是连续的一致可积鞅, 由收敛定理知 X_S 和 X_T 可积, 且

$$E[X_S \mathbf{1}_A] = E[X_T \mathbf{1}_A],$$

即

$$E[X_T | \mathcal{F}_S] = X_S \quad \text{a.s.} \qquad \blacksquare$$

在这一节的最后, 我们给出连续鞅的**杜布不等式**.

定理 3.1.3 设 X 是 $(\Omega, \mathcal{F}, \{\mathcal{F}_t\}_{t \geqslant 0}, P)$ 上的连续鞅, $p > 1$ 是常数, 若对于 $t > 0$, $E[|X_t|^p] < \infty$, 则

$$E[\sup_{0 \leqslant s \leqslant t} |X_s|^p] \leqslant \left(\frac{p}{p-1}\right)^p E[|X_t|^p].$$

证明: 设 $\widetilde{D}$ 是 $\mathbb{R}$ 上的可列稠密集, $D = \widetilde{D} \bigcap [0, t]$. 令 $D = \bigcup_{m=1}^{\infty} D_m$, D_m 是一列单调递增的集合, 且 $D_m = \{t_0^m, t_1^m, \cdots, t_m^m\}$, 这里 $0 = t_0^m < t_1^m < \cdots < t_m^m = t$. 由离散时间鞅的杜布不等式,

$$E[\sup_{s \in D_m} |X_s|^p] \leqslant \left(\frac{p}{p-1}\right)^p E[|X_t|^p].$$

令 $m \uparrow \infty$, 有

$$E[\sup_{s \in D} |X_s|^p] \leqslant \left(\frac{p}{p-1}\right)^p E[|X_t|^p].$$

由于 X 轨道连续,

$$\sup_{s \in D} |X_s| = \sup_{0 \leqslant s \leqslant t} |X_s|,$$

故

$$E[\sup_{0 \leqslant s \leqslant t} |X_s|^p] \leqslant \left(\frac{p}{p-1}\right)^p E[|X_t|^p]. \qquad \blacksquare$$

§3.2 布朗运动的定义与性质

布朗运动是连续鞅的重要的例子, 下面暂时不讨论鞅, 从另外的角度来讨论布朗运动.

首先从中心极限定理出发, 设 $\{X_n\}$ 是一列独立同分布的随机变量, $E[X_1] = 0$, $E[X_1^2] = 1$. 此时, 由中心极限定理可知

$$\frac{1}{\sqrt{n}}\sum_{i=1}^{n}X_i \xrightarrow{d} N(0,1).$$

考虑特殊的情形,

$$P(X_1 = 1) = P(X_1 = -1) = \frac{1}{2},$$
$$S_n = X_1 + X_2 + \cdots + X_n,$$

这里 S_n 是从零点出发的随机游动. 假设在上述过程中, 时间间隔为 1, 位移也为 1, 即 $\Delta t = 1$, $\Delta x = 1$. 现在将时间间隔变为 $\frac{1}{N}$, 位移变为 $\sqrt{\frac{1}{N}}$, 即 $\Delta x = \sqrt{\Delta t}$.

在时刻 1, 有

$$W_1^{(N)} = \Delta x(X_1 + X_2 + \cdots + X_N),$$
$$E[W_1^{(N)}] = 0,$$
$$E[(W_1^{(N)})^2] = (\Delta x)^2(E[X_1^2] + E[X_2^2] + \cdots + E[X_N^2]) = (\Delta x)^2 N = 1.$$

由中心极限定理,

$$\frac{X_1 + X_2 + \cdots + X_N}{\sqrt{N}} \xrightarrow{d} N(0,1).$$

我们可以这样理解布朗运动: 上述随机游动的轨迹的极限 ($\Delta t \to 0$). 事实上, 可以考虑下式的极限.

$$W_t^{(n)}(\omega) = \frac{1}{\sqrt{n}}S_{[nt]}(\omega) + (nt - [nt])\frac{1}{\sqrt{n}}X_{[nt]+1}(\omega).$$

当然, 上述极限是在弱收敛的意义下给出的. 著名的弱不变原理即是关于这个结论的详细表述. 下面给出布朗运动的定义.

定义 3.2.1　设 $B = (B_t)_{t\geqslant 0}$ 是定义在 $(\Omega, \mathcal{F}, \{\mathcal{F}_t\}_{t\geqslant 0}, P)$ 上的随机过程, 若其满足:

(1) $B_0 = 0$;

(2) 对于 $t > s$, $B_t - B_s$ 与 B_r 独立, 其中 $0 \leqslant r \leqslant s$;

(3) $B_t - B_s$ 与 B_{t-s} 同分布, 且服从 $N(m(t-s), \sigma^2(t-s))$;

(4) $(B_t)_{t\geqslant 0}$ 的几乎所有的样本轨道连续,

则称 B 是**布朗运动**. 特别地, 当 $m = 0, \sigma = 1$ 时, 称 B 是**标准布朗运动**.

这里 $B_0 = 0$ 不是必需的, 如果不考虑这个条件, 可以对 $B_t - B_0$ 进行讨论.

若 W 是标准布朗运动, 则 $B_t = \sigma W_t + mt$ 即为上面所提的布朗运动.

设 $B = (B_t)_{t\geqslant 0}$ 是 $(\Omega, \mathcal{F}, \{\mathcal{F}_t\}_{t\geqslant 0}, P)$ 上的标准布朗运动, $B_t - B_s$ 服从 $N(0, t-s)$, 可离散地对布朗运动进行采样, 取 $B_0, B_{\Delta t}, B_{2\Delta t}, \cdots, B_{k\Delta t}$, 且有

$$B_{(k+1)\Delta t} - B_{k\Delta t} = \sqrt{\Delta t}\, N_k, \quad N_k \sim N(0,1).$$

因此, 利用随机模拟的方法, 可以模拟出布朗运动轨道的走向. 但是理论上来讲, 布朗运动的轨道有十分著名的性质: 布朗运动虽然处处连续, 但是无处可微. 下面我们来证明这个性质.

定理 3.2.1 在 $(\Omega, \mathcal{F}, \{\mathcal{F}_t\}_{t \geq 0}, P)$ 上存在 $N \in \mathcal{F}$, $P(N) = 0$. 在 $\Omega - N$ 上, $B = (B_t)_{t \geq 0}$ 是无处可微的.

证明[4]: 令

$$Y_{k,n} = \max \left\{ \left| B_{\frac{k+1}{n}} - B_{\frac{k}{n}} \right|, \left| B_{\frac{k+2}{n}} - B_{\frac{k+1}{n}} \right|, \left| B_{\frac{k+3}{n}} - B_{\frac{k+2}{n}} \right| \right\},$$

$$Y_n = \min \{ Y_{k,n} : k = 0, 1, \cdots, n-1 \}.$$

考虑 M 是正整数, $A_M = \left\{ \omega \in \Omega : n\text{足够大时}, Y_n \leq \frac{M}{n} \right\}$. 由概率的基本运算,

$$P\left(Y_n \leq \frac{M}{n} \right) \leq \sum_{k=0}^{n-1} P\left(Y_{k,n} \leq \frac{M}{n} \right).$$

由独立增量性,

$$\begin{aligned}
P\left(Y_{k,n} \leq \frac{M}{n} \right) &= \left[P\left(\left| B_{\frac{1}{n}} \right| \leq \frac{M}{n} \right) \right]^3 \\
&= \left[P\left(\frac{1}{\sqrt{n}} |B_1| \leq \frac{M}{n} \right) \right]^3 \\
&= \left(\int_{|x| \leq \frac{M}{\sqrt{n}}} \frac{1}{\sqrt{2\pi}} \mathrm{e}^{-\frac{x^2}{2}} \mathrm{d}x \right)^3 \\
&\leq \frac{M^3}{n^{3/2}}.
\end{aligned}$$

故

$$P\left(Y_n \leq \frac{M}{n} \right) \leq \frac{M^3}{\sqrt{n}}.$$

于是 $P(A_M) = 0$. 进一步, 有 $P\left(\bigcup_{M=1}^{\infty} A_M \right) = 0$.

若 $B = (B_t)$ 在 t_0 处可微, 则存在 δ, 使得当 $|s - t_0| < \delta$ 时,

$$|B_s - B_{t_0}| \leq 2|r(s - t_0)|, \quad r \text{ 为 } B_t \text{ 在 } t_0 \text{处的导数}.$$

故

$$\{ \omega : B\text{在某处可微} \} \subset \bigcup_{M=1}^{\infty} A_M.$$

令 $N = \bigcup_{M=1}^{\infty} A_M$, 则 $B = (B_t)_{t \geq 0}$ 无处可微. ∎

利用布朗运动的性质, 可以考虑下面两个例子.

例 3.2.1 若 $B = (B_t)_{t \geqslant 0}$ 是 $(\Omega, \mathcal{F}, \{F_t\}_{t \geqslant 0}, P)$ 上的标准布朗运动, $\mathcal{F}_s = \sigma(B_r : 0 \leqslant r \leqslant s)$, 求 $E[\mathrm{e}^{B_1 B_2} \mid \mathcal{F}_1]$.

解: 考虑

$$E[\mathrm{e}^{B_1 B_2} \mid \mathcal{F}_1] = E[\mathrm{e}^{(B_2 - B_1)B_1 + B_1^2} \mid \mathcal{F}_1]$$
$$= \mathrm{e}^{B_1^2} E[\mathrm{e}^{(B_2 - B_1)B_1} \mid \mathcal{F}_1].$$

事实上,

$$E[\mathrm{e}^{(B_2 - B_1)B_1} \mid \mathcal{F}_1] = E[\mathrm{e}^{(B_2 - B_1)x}]|_{x = B_1} = \mathrm{e}^{\frac{B_1^2}{2}}.$$

故

$$E[\mathrm{e}^{B_1 B_2} \mid \mathcal{F}_1] = \mathrm{e}^{B_1^2 + \frac{B_1^2}{2}} = \mathrm{e}^{\frac{3B_1^2}{2}}. \qquad \blacksquare$$

例 3.2.2 求 $E\left[\int_0^t B_r^2 \, \mathrm{d}r\right]$, 这里 $B = (B_r)_{r \geqslant 0}$ 是标准布朗运动.

解:

$$E\left[\int_0^t B_r^2 \, \mathrm{d}r\right] = \int_0^t E[B_r^2] \, \mathrm{d}r = \int_0^t r \, \mathrm{d}r = \frac{1}{2}t^2. \qquad \blacksquare$$

在概率论的发展过程中, 马尔可夫性 (简称马氏性) 起到举足轻重的作用. 满足马尔可夫性的过程称为马尔可夫过程 (简称马氏过程). 马尔可夫过程的研究起源于马尔可夫链, 最早是由俄国数学家马尔可夫 1907 年提出来的. 马尔可夫过程有很强的应用背景, 一百多年来, 在随机过程的研究中扮演了非常重要的角色. 简言之, 马尔可夫过程是描述一个条件独立的过程. 即在已知 "现在" 的条件下, "将来" 与 "过去" 无关. 若 $X = (X_t)_{t \geqslant 0}$ 是一个马尔可夫过程, 考虑 s 时刻及 s 时刻之前的信息的条件下, $f(X_{t+s})$ 的条件数学期望应与只考虑 s 时刻的条件下, $f(X_{t+s})$ 的条件数学期望相同. 由于篇幅限制, 本书不详细介绍马尔可夫过程有关的知识. 感兴趣的读者可参考 [12]. 下面来证明布朗运动具备这样的性质.

定义

$$P(t, x) = \frac{1}{(2\pi t)^{1/2}} \mathrm{e}^{-\frac{|x|^2}{2t}}, \ x \in \mathbb{R}, \ t > 0.$$

设 $P(t, x, y) = P(t, x - y)$, 对于 $\mathbb{R}$ 上的有界连续函数 f, 定义

$$\mathcal{P}_t f(x) = \int_{\mathbb{R}} f(y) \, P(t, x, y) \, \mathrm{d}y.$$

由于

$$P(t + s, x, y) = \int_{\mathbb{R}} P(t, x, z) \, P(s, z, y) \, \mathrm{d}z,$$

故

$$\mathcal{P}_{t+s} = \mathcal{P}_t \, \mathcal{P}_s.$$

命题 3.2.1 设 $t, s > 0$, f 是有界的博雷尔可测函数, 那么

$$E[f(B_{t+s}) \mid \mathcal{F}_s] = \mathcal{P}_t \, f(B_s) \quad \text{a.s.,}$$

这里 $\mathcal{F}_s = \sigma(B_r : 0 \leqslant r \leqslant s)$. 特别地

$$E[f(B_{t+s}) \mid \mathcal{F}_s] = E[f(B_{t+s}) \mid B_s].$$

证明: 由于 $B_{t+s} - B_s$ 与 $\mathcal{F}_s$ 独立, 其密度函数是 $P(t, x)$, 故

$$\begin{aligned}
E[f(B_{t+s}) \mid \mathcal{F}_s] &= E[f(B_{t+s} - B_s + B_s) \mid \mathcal{F}_s] \\
&= E[f(B_{t+s} - B_s + x)]|_{x=B_s} \\
&= \int f(y + x) \, P(t, y) \, \mathrm{d}y \Big|_{x=B_s} \\
&= \mathcal{P}_t f(B_s).
\end{aligned}$$

上式两端对 B_s 取条件数学期望, 有

$$E[f(B_{t+s}) \mid B_s] = \mathcal{P}_t f(B_s),$$

故

$$E[f(B_{t+s}) \mid B_s] = E[f(B_{t+s}) \mid \mathcal{F}_s]. \qquad \blacksquare$$

利用马尔可夫性, 考虑下面的例子.

例 3.2.3 设 $B = (B_t)_{t \geqslant 0}$ 是 $(\Omega, \mathcal{F}, \{\mathcal{F}_t\}_{t \geqslant 0}, P)$ 上的标准布朗运动, 求 $P(B_2 > 0 \mid B_1 > 0)$.

解: 先求 $P(B_1 > 0, B_2 > 0)$.

$$\begin{aligned}
P(B_1 > 0, B_2 > 0) &= \int_0^\infty P(B_2 > 0 \mid B_1 = x) \frac{1}{\sqrt{2\pi}} \mathrm{e}^{-x^2/2} \mathrm{d}x \\
&= \int_0^\infty P(B_2 - B_1 > -x) \frac{1}{\sqrt{2\pi}} \mathrm{e}^{-x^2/2} \, \mathrm{d}x \\
&= \int_0^\infty \int_{-x}^\infty \frac{1}{2\pi} \mathrm{e}^{-(x^2+y^2)/2} \, \mathrm{d}x \, \mathrm{d}y = \frac{3}{8}.
\end{aligned}$$

故

$$P(B_2 > 0 \mid B_1 > 0) = \frac{P(B_1 > 0, B_2 > 0)}{P(B_1 > 0)} = \frac{3}{4}. \qquad \blacksquare$$

值得一提的是, 我们往往称上面提到的一族算子 $(\mathcal{P}_t)_{t \geqslant 0}$ 为**转移半群**. 与转移半群相关联的是下面给出的无穷小生成元.

定义 3.2.2 对于转移半群 $(\mathcal{P}_t)_{t \geqslant 0}$ 和任意的可测函数 f, 算子

$$\mathcal{L}f = \lim_{t \to 0} \frac{\mathcal{P}_t f - f}{t}$$

称为半群 $(\mathcal{P}_t)_{t \geqslant 0}$ 的**无穷小生成元**.

事实上, 很多情形下, 需要对 f 加以限制, 有时候会要求 f 具有可微性. 在下文的叙述中, 会在相应位置给出 f 的具体要求. 无穷小生成元与后面要介绍的伊藤公式是密切相关的. 我们会详细讨论一些过程的无穷小生成元.

接下来给出一个更强的结论, 该定理阐述了布朗运动具备所谓的强马尔可夫性.

定理 3.2.2 若 T 是 $(\Omega, \mathcal{F}, \{\mathcal{F}_t\}_{t \geqslant 0}, P)$ 上的停时, 且 $P(T < \infty) = 1$, $B = (B_t)_{t \geqslant 0}$ 是标准布朗运动, $\mathcal{F}_s = \sigma(B_r : 0 \leqslant r \leqslant s)$, 则 $Y_t = B_{T+t} - B_T$ 是标准布朗运动, 且 Y 与 $\{B_t : 0 < t \leqslant T\}$ 独立.

证明[6]: 由 Y 的定义, Y 是零点出发的轨道连续的随机过程. 对于 $A \in \mathcal{F}_T$, 下面证明对于任意的有界连续非负函数 g, $0 \leqslant t_1 < t_2 < \cdots < t_p$,

$$E[\mathbf{1}_A g(Y_{t_1}, Y_{t_2}, \cdots, Y_{t_p})] = P(A) E[g(B_{t_1}, B_{t_2}, \cdots, B_{t_p})].$$

若能证明上式, 便能证明 Y 与 $\{B_t : 0 < t \leqslant T\}$ 独立. 取 $A = \Omega$, 便能得到 Y 的有限维分布与 B 相同, 且独立平稳增量性也能得到.

令

$$T_n = \sum_{k=1}^{\infty} \frac{k}{2^n} \mathbf{1}_{\{\frac{k-1}{2^n} < T \leqslant \frac{k}{2^n}\}}.$$

这里可有 $T_n \downarrow T$. 由控制收敛定理,

$$\begin{aligned}
&E[\mathbf{1}_A g(Y_{t_1}, Y_{t_2}, \cdots, Y_{t_p})] \\
&= \lim_{n \to \infty} E[\mathbf{1}_A g(B_{T_n+t_1} - B_{T_n} + \cdots + B_{T_n+t_p} - B_{T_n})] \\
&= \lim_{n \to \infty} \sum_{k=1}^{\infty} E[\mathbf{1}_A \mathbf{1}_{\{\frac{k-1}{2^n} < T \leqslant \frac{k}{2^n}\}} g(B_{\frac{k}{2^n}+t_1} - B_{\frac{k}{2^n}} + \cdots + B_{\frac{k}{2^n}+t_p} - B_{\frac{k}{2^n}})].
\end{aligned}$$

由于

$$A \bigcap \left\{ \frac{k-1}{2^n} < T \leqslant \frac{k}{2^n} \right\} \in \mathcal{F}_{\frac{k}{2^n}},$$

由布朗运动的独立增量性,

$$\begin{aligned}
&E[\mathbf{1}_A \mathbf{1}_{\{\frac{k-1}{2^n} < T \leqslant \frac{k}{2^n}\}} g(B_{\frac{k}{2^n}+t_1} - B_{\frac{k}{2^n}} + \cdots + B_{\frac{k}{2^n}+t_p} - B_{\frac{k}{2^n}})] \\
&= P\left(A \bigcap \left\{ \frac{k-1}{2^n} < T \leqslant \frac{k}{2^n} \right\} \right) E[g(B_{t_1}, B_{t_2}, \cdots, B_{t_p})],
\end{aligned}$$

显然有

$$E[\mathbf{1}_A g(Y_{t_1}, Y_{t_2}, \cdots, Y_{t_p})] = P(A) E[g(B_{t_1}, B_{t_2}, \cdots, B_{t_p})]. \qquad \blacksquare$$

定理 3.2.3 若 $B = (B_t)_{t \geqslant 0}$ 是 $(\Omega, \mathcal{F}, \{\mathcal{F}_t\}_{t \geqslant 0}, P)$ 上的标准布朗运动, 任意给定 $t > 0$, 令 $M_t = \sup_{0 < s \leqslant t} B_s$, 则 M_t 与 $|B_t|$ 同分布.

证明: 由于 $B_0 = 0$, 故 $M_t \geqslant 0$. 任意给定 $x > 0$, 有 $P(B_t = x) = 0$. 于是

$$P(M_t > x) = P(M_t > x, B_t > x) + P(M_t > x, B_t < x).$$

显然

$$P(M_t > x, B_t > x) = P(B_t > x).$$

下证

$$P(M_t > x, B_t < x) = P(M_t > x, B_t > x).$$

令

$$T_x = \begin{cases} \inf\{t \geqslant 0 : B_t \geqslant x\}, & x > 0, \\ \inf\{t \geqslant 0 : B_t \leqslant x\}, & x < 0 \end{cases}$$

$$= \inf\{t \geqslant 0 : B_t = x\}.$$

令 $\mathcal{F}_t = \sigma(B_r : 0 \leqslant r \leqslant t)$, 这里不难看出 T_x 是关于流 $\{\mathcal{F}_t\}_{t \geqslant 0}$ 的停时. 若 $M_t > x$, 则存在 $0 < s < t$, 使 $B_s = x$, 即 $T_x < t$, 且 $B_{T_x} = x$. 将坐标原点平移至 (T_x, x) 处. 令

$$X_t = B_{T_x + t} - B_{T_x},$$

此时 $X = (X_t)_{t \geqslant 0}$ 是标准布朗运动, 且与 $(B_t)_{0 \leqslant t \leqslant T_x}$ 独立.

由定理 3.2.2, 可知 $B_{T_x + s} - B_{T_x}$ 是标准布朗运动, 故在 $\{T_x < t\}$ 条件下,

$$P((B_t - B_{T_x}) > 0 \mid T_x < t) = P((B_t - B_{T_x}) < 0 \mid T_x < t) = \frac{1}{2}.$$

于是

$$P(M_t > x, B_t < x) = P(M_t > x, B_t > x) = P(B_t > x).$$

故

$$P(M_t > x) = 2P(B_t > x) = P(|B_t| > x).$$

即 M_t 与 $|B_t|$ 同分布. ■

事实上, 利用上述结论, 会有如下结论: 对任意 $x > 0$,

$$P\left(\sup_{0 \leqslant s \leqslant t} B_s > x\right) = 2P(B_t > x).$$

在上面的证明过程中, 用到了停时 T_x, T_x 的概率性质是十分有趣的. 事实上, 会有一个十分有趣的结论: $|x|$ 无论多大, 从 0 出发的布朗运动总能在有限时间内到达 $|x|$, 但平均到达时间为 ∞. 下面给出的命题即阐述了上述事实.

命题 3.2.2 $P(T_x < \infty) = 1$, $E[T_x] = \infty$.

证明: 设 $f_x(t)$ 是 T_x 的密度函数. 对 $x > 0, t > 0$,

$$P(T_x \leqslant t) = P(M_t \geqslant x) = \sqrt{\frac{2}{\pi}} \int_x^\infty \frac{1}{t^{1/2}} \mathrm{e}^{-\widetilde{x}^2/(2t)} \mathrm{d}\widetilde{x}.$$

关于 t 求导, 得

$$f_x(t) = \frac{1}{\sqrt{2\pi}} \int_x^\infty \left(-\frac{1}{t^{3/2}} + \frac{\widetilde{x}^2}{t^{5/2}}\right) \mathrm{e}^{-\widetilde{x}^2/(2t)} \mathrm{d}\widetilde{x}$$

$$= \frac{1}{\sqrt{2\pi}} \int_x^\infty -\frac{1}{t^{3/2}} \mathrm{e}^{-\widetilde{x}^2/(2t)} \mathrm{d}\widetilde{x} + \frac{1}{\sqrt{2\pi}} \int_x^\infty \frac{\widetilde{x}^2}{t^{5/2}} \mathrm{e}^{-\widetilde{x}^2/(2t)} \mathrm{d}\widetilde{x}.$$

利用分部积分, 有

$$\int_x^\infty -\frac{1}{t^{3/2}} \mathrm{e}^{-\widetilde{x}^2/(2t)} \mathrm{d}\widetilde{x} = \frac{x}{t^{3/2}} \mathrm{e}^{-x^2/(2t)} - \int_x^\infty \frac{\widetilde{x}^2}{t^{5/2}} \mathrm{e}^{-\widetilde{x}^2/(2t)} \mathrm{d}\widetilde{x}.$$

故

$$f_x(t) = \frac{x}{\sqrt{2\pi}t^{3/2}}\mathrm{e}^{-x^2/(2t)}.$$

当 $x < 0$ 时可有类似结果. 故

$$f_x(t) = \frac{|x|}{\sqrt{2\pi}t^{3/2}}\mathrm{e}^{-x^2/(2t)}, \quad t > 0.$$

不妨设 $x > 0$, 我们研究 T_x.

$$\begin{aligned}
P(T_x < \infty) &= \lim_{t\to\infty} P(T_x \leqslant t) \\
&= \lim_{t\to\infty} \sqrt{\frac{2}{\pi}} \int_x^\infty \frac{1}{t^{1/2}}\mathrm{e}^{-\widetilde{x}^2/(2t)}\,\mathrm{d}\widetilde{x} \\
&= \lim_{t\to\infty} \sqrt{\frac{2}{\pi}} \int_{\frac{x}{t^{1/2}}}^\infty \mathrm{e}^{-y^2/2}\,\mathrm{d}y \\
&= \sqrt{\frac{2}{\pi}} \int_0^\infty \mathrm{e}^{-y^2/2}\,\mathrm{d}y = 1.
\end{aligned}$$

而

$$\begin{aligned}
E[T_x] &= \int_0^\infty t f_x(t)\,\mathrm{d}t \\
&= \frac{x}{\sqrt{2\pi}} \int_0^\infty \frac{1}{t^{1/2}}\mathrm{e}^{-x^2/(2t)}\,\mathrm{d}t \\
&= \infty. \qquad\qquad \blacksquare
\end{aligned}$$

利用反射原理, 我们可以考虑下面这个例子.

例 3.2.4 设 $X = (X_t)_{t\geqslant 0}, Y = (Y_t)_{t\geqslant 0}$ 是独立的标准布朗运动. 若 $B = Y - X$, 求 $P(X_t < Y_t + 1, \text{对所有 } 0 \leqslant t \leqslant 2)$.

解: $P(X_t < Y_t + 1, \text{对所有 } 0 \leqslant t \leqslant 2) = P(\sqrt{2}B_t < 1, \text{对所有 } 0 \leqslant t \leqslant 2)$

$$\begin{aligned}
&= 1 - P\left(B_t \geqslant \frac{1}{\sqrt{2}}, \text{对某些 } 0 \leqslant t \leqslant 2\right) \\
&= 1 - 2P\left(B_2 \geqslant \frac{1}{\sqrt{2}}\right) \\
&= 2\varPhi(1/2) - 1. \qquad\qquad \blacksquare
\end{aligned}$$

关于布朗运动的刻画, 有很多方法, 下面我们给出其中一个比较常见的方法.

定理 3.2.4 令 $B = (B_t)_{t\geqslant 0}$ 是 $(\varOmega, \mathcal{F}, \{\mathcal{F}_t\}_{t\geqslant 0}, P)$ 上的随机过程, 以下推断等价:

(1) B 是标准布朗运动;

(2) B 是连续轨道的中心化高斯过程 (即对任意 $t_1, t_2, \cdots, t_k \geqslant 0, (B_{t_1}, B_{t_2}, \cdots, B_{t_k})$ 服从零均值的多维正态分布), 且对于 $s, t > 0$, $\mathrm{Cov}[B_s, B_t] = s \wedge t$.

证明: (1) $\Longrightarrow$ (2): 假设 $t > s$, 则

$$\mathrm{Cov}[B_t - B_s + B_s, B_s] = \mathrm{Cov}[B_t - B_s, B_s] + \mathrm{Cov}[B_s, B_s] = s.$$

(2)$\Longrightarrow$(1): 假设 $t > s$, 则

$$\text{Cov}[B_t, B_s] = \text{Cov}[B_t - B_s, B_s] + \text{Cov}[B_s, B_s].$$

由于

$$\text{Cov}[B_t - B_s, B_s] = 0,$$

故 $B_t - B_s$ 与 B_s 独立. 此时

$$\begin{aligned}
E[(B_t - B_s)^2] &= \text{Cov}[B_t - B_s, B_t - B_s] \\
&= \text{Cov}[B_t, B_t] - \text{Cov}[B_t, B_s] - \text{Cov}[B_s, B_t] + \text{Cov}[B_s, B_s] \\
&= t - s - s + s = t - s,
\end{aligned}$$

从而

$$B_t - B_s \sim N(0, t - s),$$

即 $B_t - B_s$ 与 B_{t-s} 同分布. 于是 $B = (B_t)_{t \geqslant 0}$ 是标准布朗运动. ∎

利用上面的定理, 有

定理 3.2.5　设 $B = (B_t)_{t \geqslant 0}$ 是标准布朗运动, 对于 $\lambda > 0$, 令 $Y_t = \dfrac{B_{\lambda t}}{\sqrt{\lambda}}$, 则 $Y = (Y_t)_{t \geqslant 0}$ 是标准布朗运动.

证明: 显然 $Y = (Y_t)_{t \geqslant 0}$ 是中心化的高斯过程, 且

$$\begin{aligned}
\text{Cov}[Y_t, Y_s] &= \text{Cov}\left[\frac{B_{\lambda t}}{\sqrt{\lambda}}, \frac{B_{\lambda s}}{\sqrt{\lambda}}\right] = \frac{1}{\lambda} \text{Cov}[B_{\lambda t}, B_{\lambda s}] \\
&= \frac{1}{\lambda}(\lambda s) \wedge (\lambda t) = s \wedge t.
\end{aligned}$$

故 $Y = (Y_t)_{t \geqslant 0}$ 是标准布朗运动. ∎

利用上述定理, 可以考虑下面这个例子.

例 3.2.5　令 $B = (B_t)_{t \geqslant 0}$ 是标准布朗运动, 则

$$W_t = \begin{cases} tB_{1/t}, & t > 0, \\ 0, & t = 0 \end{cases}$$

是标准布朗运动.

解[4]: 当 $t > 0$ 时, 显然 W_t 是连续的中心化的高斯过程,

$$\text{Cov}[W_t, W_s] = ts\text{Cov}[B_{1/t}, B_{1/s}] = ts\left(\frac{1}{t} \wedge \frac{1}{s}\right) = t \wedge s.$$

为了证明 W 是标准布朗运动, 只需证明 W 在 $t = 0$ 处连续. 事实上,

$$\lim_{t \to 0} W_t = \lim_{t \to \infty} \frac{1}{t}B_t \leqslant \lim_{n \to \infty} \frac{1}{n}|B_n| + \lim_{n \to \infty} \frac{1}{n} \sup_{t \in [n, n+1]} (B_t - B_n).$$

这里

$$B_n = \sum_{i=1}^{n}(B_i - B_{i-1}), \quad B_i - B_{i-1} \sim N(0,1).$$

由强大数律, 有

$$\lim_{n \to \infty} \frac{1}{n} B_n = 0.$$

注意到

$$P\left(\sup_{t \in [n,n+1]}(B_t - B_n) \geqslant x\right) = P\left(\sup_{t \in [0,1]} B_t \geqslant x\right)$$
$$= 2P(B_1 \geqslant x) = \frac{2}{\sqrt{2\pi}}\int_x^\infty e^{-t^2/2}\,dt,$$

而

$$\frac{2}{\sqrt{2\pi}}\int_x^\infty e^{-t^2/2}\,dt \leqslant \int_x^\infty \frac{t}{x}e^{-t^2/2}\,dt$$
$$\leqslant \frac{1}{x}\int_x^\infty e^{-t^2/2}\,d\frac{t^2}{2} = \frac{1}{x}e^{-x^2/2},$$

于是, 对任意 $\varepsilon > 0$,

$$\sum_{n=1}^\infty P(\sup_{t \in [n,n+1]}(B_t - B_n) \geqslant n\varepsilon) \leqslant \sum_{n=1}^\infty \frac{1}{n\varepsilon}e^{-(n\varepsilon)^2/2} < \infty.$$

因此

$$\lim_{n \to \infty} \frac{1}{n}\sup_{t \in [n,n+1]}(B_t - B_n) = 0 \quad \text{a.s.}$$

即

$$\lim_{t \to 0} tB_{1/t} = 0,$$

故 W_t 在 $t = 0$ 处连续. ■

前面我们提到过, 布朗运动是一种重要的鞅. 下面讨论与布朗运动相关的鞅的性质.

定理 3.2.6　一维标准布朗运动是连续鞅.

证明: 若 $B = (B_t)_{t \geqslant 0}$ 是 $(\Omega, \mathcal{F}, \{\mathcal{F}_t\}_{t \geqslant 0}, P)$ 上的标准布朗运动, 则

$$E[B_t] = 0, \ E[B_t^2] = t,$$

故 B 平方可积. 进一步, 当 $t > s$ 时,

$$E[B_t \mid \mathcal{F}_s] = E[(B_t - B_s + B_s) \mid \mathcal{F}_s] = B_s + E[B_t - B_s] = B_s,$$

从而 B 是连续鞅. ■

例 3.2.6　设 $B = (B_t)_{t \geqslant 0}$ 是 $(\Omega, \mathcal{F}, \{\mathcal{F}_t\}_{t \geqslant 0}, P)$ 上的标准布朗运动, $a < 0 < b$ 是常数. 令 $\tau = \inf\{t : B_t \geqslant b$ 或 $B_t \leqslant a\}$, 求 $P(B_\tau = a)$ 及 $P(B_\tau = b)$.

解: 由于布朗运动从零点出发, 由前面的讨论, 布朗运动总会在有限时间内到达 a 或者 b, 且在集合 $\{t \leqslant \tau\}$ 上 $|B_t| \leqslant |a| + b$.

由假设, $P(B_\tau = a) + P(B_\tau = b) = 1$ 且 $(B_{\tau \wedge t})$ 是鞅. 由控制收敛定理,

$$\lim_{t \to \infty} E[B_{\tau \wedge t}] = E[B_\tau] = 0,$$

故 $aP(B_\tau = a) + bP(B_\tau = b) = 0.$ 于是

$$P(B_\tau = a) = \frac{b}{|a| + b},$$

$$P(B_\tau = b) = \frac{|a|}{|a| + b}.$$ ■

除此之外, 布朗运动还有如下性质.

定理 3.2.7 设 $B = (B_t)_{t \geqslant 0}$ 是 $(\Omega, \mathcal{F}, \{\mathcal{F}_t\}_{t \geqslant 0}, P)$ 上的标准布朗运动, 则 $(B_t^2 - t)_{t \geqslant 0}$ 是 $(\Omega, \mathcal{F}, \{\mathcal{F}_t\}_{t \geqslant 0}, P)$ 上的鞅, 这里 $\mathcal{F}_t = \sigma(B_s : 0 \leqslant s \leqslant t)$.

证明: 记 $t > s$, 考虑

$$\begin{aligned}
E[(B_t^2 - t) \mid \mathcal{F}_s] &= E[B_t^2 \mid \mathcal{F}_s] - t \\
&= E[[(B_t - B_s)^2 + 2(B_t - B_s)B_s + B_s^2] \mid \mathcal{F}_s] - t \\
&= B_s^2 + t - s - t + 2B_s E[(B_t - B_s) \mid \mathcal{F}_s] \\
&= B_s^2 - s,
\end{aligned}$$

故 $(B_t^2 - t)_{t \geqslant 0}$ 是鞅. ■

定理 3.2.8 设 $B = (B_t)_{t \geqslant 0}$ 是 $(\Omega, \mathcal{F}, \{\mathcal{F}_t\}_{t \geqslant 0}, P)$ 上的标准布朗运动, 则 $M_t = \exp\left\{\lambda B_t - \dfrac{\lambda^2}{2}t\right\}$ 是鞅, 这里 $\lambda \in \mathbb{R}$.

证明: 令 $t > s$, 考虑

$$E[M_t \mid \mathcal{F}_s] = \frac{E[\exp\{\lambda B_t\} \mid \mathcal{F}_s]}{\mathrm{e}^{\frac{\lambda^2}{2}t}}.$$

注意到

$$\begin{aligned}
E[\exp\{\lambda B_t\} \mid \mathcal{F}_s] &= E[(\exp\{\lambda(B_t - B_s)\} \exp\{\lambda B_s\}) \mid \mathcal{F}_s] \\
&= \exp\{\lambda B_s\} E[\exp\{\lambda(B_t - B_s)\} \mid \mathcal{F}_s] \\
&= \exp\{\lambda B_s\} \mathrm{e}^{\frac{\lambda^2}{2}(t-s)},
\end{aligned}$$

故

$$E[M_t \mid \mathcal{F}_s] = \exp\left\{\lambda B_s - \frac{\lambda^2}{2}s\right\}.$$ ■

事实上, 如果用 $\mathrm{i}\xi$ 代替上述 λ, 我们会得到 $\widetilde{M}_t = \exp\left\{\mathrm{i}\xi B_t + \dfrac{\xi^2}{2}t\right\}$ 是鞅. 更加令人惊奇的是, 这是关于布朗运动的一个充分必要条件.

定理 3.2.9   设 $B = (B_t)_{t \geqslant 0}$ 是 $(\Omega, \mathcal{F}, \{\mathcal{F}_t\}_{t \geqslant 0}, P)$ 上的适应过程, 下列论述等价:

(1) B 是标准布朗运动;

(2) B 是连续鞅, 且对于任意实数 ξ, $\exp\left\{ \mathrm{i}\xi B_t + \dfrac{\xi^2}{2} t \right\}$ 是鞅.

证明[6]: 上面得到了 (1) $\Longrightarrow$ (2). 下面证明 (2) $\Longrightarrow$ (1). 由 (2) 可知, 当 $t > s$ 时,

$$E\left[\exp\left\{ \mathrm{i}\xi B_t + \frac{\xi^2}{2} t \right\} \Big| \mathcal{F}_s \right] = \exp\left\{ \mathrm{i}\xi B_s + \frac{\xi^2}{2} s \right\}.$$

于是

$$E[\exp\{\mathrm{i}\xi(B_t - B_s)\} \mid \mathcal{F}_s] = \exp\left\{ \frac{\xi^2}{2}(t - s) \right\}.$$

故对于 $A \in \mathcal{F}_s$,

$$E[\mathbf{1}_A \exp\{\mathrm{i}\xi(B_t - B_s)\}] = P(A) \exp\left\{ \frac{\xi^2}{2}(t - s) \right\}.$$

取 $A = \Omega$, 得

$$B_t - B_s \sim N(0, t - s).$$

此外, 取 $A \in \mathcal{F}_s$, $P(A) > 0$, 令

$$Q(\cdot) = \frac{P(\cdot \bigcap A)}{P(A)},$$

则

$$E_Q[\exp\{\mathrm{i}\xi(B_t - B_s)\}] = \exp\left\{ \frac{\xi^2}{2}(t - s) \right\}.$$

即 $B_t - B_s$ 在 Q 下的分布与在 P 下分布相同, 且与 A 无关. 故对任意可测函数 f,

$$E_Q[f(B_t - B_s)] = E[f(B_t - B_s)].$$

即

$$E[\mathbf{1}_A f(B_t - B_s)] = P(A) E[f(B_t - B_s)],$$

即 $B_t - B_s$ 与 $\mathcal{F}_s$ 独立, 即 $B = (B_t)_{t \geqslant 0}$ 是标准布朗运动. ∎

本节的最后, 我们来证明关于布朗运动离散化的结论. 在现代金融统计研究中, 下面的结论引发了关于已实现波动率的研究.

设 $D = \{0 = t_0 < t_1 < \cdots < t_n = t\}$ 是区间 $[0, t]$ 的有限划分, 且

$$V_D = \sum_{l=1}^{n} (B_{t_l} - B_{t_{l-1}})^2, \quad m(D) = \max_l |t_l - t_{l-1}|,$$

有

定理 3.2.10   若 $B = (B_t)_{t \geqslant 0}$ 是标准布朗运动, 则对所有的 $t \geqslant 0$,

$$V_D \xrightarrow{P} t.$$

证明: 事实上,

$$E[V_D] = \sum_{l=1}^{n} E[(B_{t_l} - B_{t_{l-1}})^2] = \sum_{l=1}^{n} (t_l - t_{l-1}) = t.$$

于是, 要证明对于任意的 $\varepsilon > 0$,

$$P(|V_D - E[V_D]| \geqslant \varepsilon) \to 0.$$

由切比雪夫不等式,

$$P(|V_D - E[V_D]| \geqslant \varepsilon) \leqslant \frac{E[|V_D - E[V_D]|^2]}{\varepsilon^2},$$

故只需要证明 $E[(V_D - E[V_D])^2] \to 0$. 我们来看 $E[(V_D - E[V_D])^2]$:

$$\begin{aligned}
&E[(V_D - E[V_D])^2] \\
&= E[(\sum_{l=1}^{n} |B_{t_l} - B_{t_{l-1}}|^2 - t)^2] \\
&= E[(\sum_{l=1}^{n} (B_{t_l} - B_{t_{l-1}})^2 - \sum_{l=1}^{n} (t_l - t_{l-1}))^2] \\
&= \sum_{l=1}^{n} E[((B_{t_l} - B_{t_{l-1}})^2 - (t_l - t_{l-1}))^2] + \\
&\quad \sum_{k \neq l}^{n} E[((B_{t_l} - B_{t_{l-1}})^2 - (t_l - t_{l-1}))((B_{t_k} - B_{t_{k-1}})^2 - (t_k - t_{k-1}))].
\end{aligned}$$

由于布朗运动具有独立增量性, 且 $(B_t^2 - t)_{t \geqslant 0}$ 是鞅, 故

$$\sum_{k \neq l}^{n} E[((B_{t_l} - B_{t_{l-1}})^2 - (t_l - t_{l-1}))((B_{t_k} - B_{t_{k-1}})^2 - (t_k - t_{k-1}))] = 0.$$

于是

$$\begin{aligned}
&E[(V_D - E[V_D])^2] \\
&= \sum_{l=1}^{n} E[(B_{t_l} - B_{t_{l-1}})^4 - 2(t_l - t_{l-1})(B_{t_l} - B_{t_{l-1}})^2 + (t_l - t_{l-1})^2] \\
&= \sum_{l=1}^{n} E[(B_{t_l} - B_{t_{l-1}})^4 - 2(t_l - t_{l-1})^2 + (t_l - t_{l-1})^2] \\
&= 2\sum_{l=1}^{n} (t_l - t_{l-1})^2.
\end{aligned}$$

因此

$$E[(V_D - E[V_D])^2] \leqslant 2m(D) \sum_{l=1}^{n} (t_l - t_{l-1}) = 2tm(D) \to 0. \qquad \blacksquare$$

§3.3　布朗运动与嵌入定理

在 §3.2 中, 我们发现布朗运动是随机游动在某种意义下的轨迹的极限. 在这一节中, 主要介绍随机游动与布朗运动之间的关系.

设 $\{X_n\}$ 是一列独立同分布的随机变量, $P(X_1 = 1) = P(X_1 = -1) = \dfrac{1}{2}$,

$$S_n = X_1 + X_2 + \cdots + X_n.$$

这里 S_n 是从零点出发的随机游动. 这一节的任务是考虑 $(S_n)_{n \geqslant 0}$ 与布朗运动 $(B_t)_{t \geqslant 0}$ 之间的关系.

为了讨论得更充分, 不再假设 $P(X_1 = 1) = P(X_1 = -1) = \dfrac{1}{2}$, 只考虑 $\{X_n\}$ 是一列独立同分布的随机变量, 且满足 $E[X_1] = 0, E[X_1^2] = 1$.

研究 $(S_n)_{n \geqslant 0}$ 与布朗运动 $(B_t)_{t \geqslant 0}$ 之间的关系的方式有多种. 人们熟知的是中心极限定理:

$$\frac{S_n}{\sqrt{n}} \xrightarrow{d} N(0, 1).$$

中心极限定理中, 仅仅是布朗运动的分布与 S_n 之间的关系. 这一节将介绍的嵌入定理, 可以将随机游动与布朗运动通过停时直接联系起来. 嵌入定理是 20 世纪概率论的杰出成果, 很多深刻优美的数学结论可以通过嵌入定理得到.

首先, 我们给出一个命题, 这是证明嵌入定理的关键.

命题 3.3.1　设 $F(x)$ 是一个分布函数, 且 $\displaystyle\int_{\mathbb{R}} x \, \mathrm{d}F(x) = 0, 0 < \int_{\mathbb{R}} x^2 \, \mathrm{d}F(x) < \infty$, 则存在布朗运动 B 及停时 τ, 使得

$$P(B_\tau < x) = F(x), \quad E[\tau] = \int_{\mathbb{R}} x^2 \, \mathrm{d}F(x).$$

证明:　设 B 是概率空间 $(\Omega_1, \mathcal{F}_1, P_1)$ 上的标准布朗运动; Y 和 Z 是概率空间 $(\Omega_2, \mathcal{F}_2, P_2)$ 上的随机变量, $Y \leqslant 0 \leqslant Z$, 且 (Y, Z) 的联合概率分布为

$$F(y, z) = \begin{cases} \dfrac{1}{C}(z - y)\mathrm{d}F(y)\mathrm{d}F(z), & y \leqslant 0 \leqslant z, \\[2mm] 0, & \text{其他}, \end{cases}$$

其中 C 是正规化参数. 考虑乘积概率空间 $(\Omega, \mathcal{F}, P) = (\Omega_1 \times \Omega_2, \mathcal{F}_1 \otimes \mathcal{F}_2, P_1 \otimes P_2)$, 故 B 与 (Y, Z) 独立. 对 $t \geqslant 0$, 令

$$\mathcal{G}_t = \sigma(B_r, Y, Z : 0 \leqslant r \leqslant t),$$
$$\tau = \inf\{t : B_t \notin (Y, Z)\}.$$

由 $(\Omega, \mathcal{F}, P)$ 的构造, τ 是停时, 可知对于 $x > 0$,

$$P(B_\tau > x) = E[P(B_\tau > x | Y, Z)].$$

下面计算 $P(B_\tau > x|Y = y, Z = z)$. 由例 3.2.6, 当 $z < x$ 时, $P(B_\tau > x|Y = y, Z = z) = 0$. 当 $z \geqslant x$ 时,

$$P(B_\tau > x|Y = y, Z = z) = \frac{-y}{z - y}.$$

故

$$P(B_\tau > x) = \int_{-\infty}^0 \int_x^\infty \frac{-y}{z - y} \, \mathrm{d}F(y, z) = 1 - F(x).$$

同理可得当 $x < 0$ 时, $P(B_\tau < x) = F(x)$. 同时, 注意到 $(B_{\tau \wedge t}^2 - (\tau \wedge t))_{t \geqslant 0}$ 是鞅, 利用控制收敛定理可得

$$E[\tau] = \int_{\mathbb{R}} x^2 \, \mathrm{d}F(x).$$ ∎

利用上面这个命题, 可得著名的**嵌入定理**.

定理 3.3.1 设 $\{X_n\}$ 是一列独立同分布的随机变量, 满足 $E[X_1] = 0, E[X_1^2] = 1$. 令 $S_0 = 0, S_n = X_1 + X_2 + \cdots + X_n$, 则存在标准布朗运动 $B = (B_t)_{t \geqslant 0}$ 及与 B 独立的正值随机变量列 $\{\tau_n\}$ 使得

(1) $\{\tau_n\}$ 是独立同分布的随机变量列, 且 $E[\tau_1] = 0, E[\tau_1^2] = 1$;

(2) $\left(B_{\sum_{i=1}^n \tau_i}\right)_{n \geqslant 1}$ 与 $(S_n)_{n \geqslant 1}$ 同分布.

证明: 设 B 是概率空间 $(\Omega_0, \mathcal{F}_0, P_0)$ 上的标准布朗运动. 对于任意的 $n \geqslant 1$, (Y_n, Z_n) 是概率空间 $(\Omega_n, \mathcal{F}_n, P_n)$ 上的随机向量, $Y_n \leqslant 0 \leqslant Z_n$, 且对于任意的 $n \geqslant 1$, (Y_n, Z_n) 的联合概率分布均为 $F(y, z)$,

$$F(y, z) = \begin{cases} \dfrac{1}{C}(z - y)\mathrm{d}F(y)\mathrm{d}F(z), & y \leqslant 0 \leqslant z, \\ 0, & \text{其他}, \end{cases}$$

这里 $F(y) = P(X_1 \leqslant y)$. 定义概率空间

$$(\Omega, \mathcal{F}, P) = (\Omega_0 \times \Omega_1 \times \Omega_2 \times \cdots, \mathcal{F}_0 \otimes \mathcal{F}_1 \otimes \mathcal{F}_2 \otimes \cdots, P_0 \otimes P_1 \otimes P_2 \otimes \cdots).$$

在新的概率空间上, B 与 (Y_n, Z_n) 是独立的, 这里 $n \geqslant 1$.

由命题 3.3.1, 存在停时 τ_1 使得 B_{τ_1} 与 X_1 同分布. 考虑 $(B_{\tau_1 + t} - B_{\tau_1})_{t \geqslant 0}$, 由布朗运动的强马尔可夫性, $(B_{\tau_1 + t} - B_{\tau_1})_{t \geqslant 0}$ 是布朗运动. 由命题 3.3.1, 存在停时 τ_2, 使得 $B_{\tau_1 + \tau_2} - B_{\tau_1}$ 与 X_2 同分布. 这样依次做下去, 存在一列停时 $(\tau_n)_{n \geqslant 1}$ 使得 $\{\tau_n\}$ 是独立同分布的随机变量列, $E[\tau_1] = 0, E[\tau_1^2] = 1$, 且

$$B_{\tau_1}, B_{\tau_1 + \tau_2} - B_{\tau_1}, \cdots, B_{\sum_{i=1}^n \tau_i} - B_{\sum_{i=1}^{n-1} \tau_i}, \cdots$$

与

$$X_1, X_2, \cdots, X_n, \cdots$$

同分布. 故 $\left(B_{\sum_{i=1}^n \tau_i}\right)_{n \geqslant 1}$ 与 $(S_n)_{n \geqslant 1}$ 同分布. ∎

利用嵌入定理, 斯特拉森在 1964 年首次得到了关于独立随机变量和的强不变原理, 匈牙利概率学派在 1975 年和 1976 年的两个工作中得到了强不变原理的最佳收敛速度. 下面给出强不变原理, 其证明可参考 [1] 或 [5].

定理 3.3.2 (强不变原理) 设 $\{X_n\}$ 是一列独立同分布的随机变量, 满足 $E[X_1] = 0, E[X_1^2] = 1$. 令 $S_0 = 0, S_n = X_1 + X_2 + \cdots + X_n$. 可构造新的概率空间, 其上存在一个标准布朗运动 B 和一个新的随机变量列 $\{\widetilde{S}_n\}$, 使得

(1) $\{\widetilde{S}_n\}$ 与 $\{S_n\}$ 同分布;

(2) $\lim\limits_{n\to\infty} \dfrac{|\widetilde{S}_n - B_n|}{\sqrt{n\log\log n}} = 0$ a.s.

相对于强不变原理, 弱不变原理讨论的对象是不一样的, 而且也是在弱收敛意义下进行讨论的. 设 $\{X_n\}$ 是一系列独立同分布的随机变量, 满足 $E[X_1] = 0, E[X_1^2] = 1$. 令 $S_0 = 0, S_n = X_1 + X_2 + \cdots + X_n$,

$$W_t^{(n)}(\omega) = \frac{1}{\sqrt{n}} S_{[nt]}(\omega) + (nt - [nt]) \frac{1}{\sqrt{n}} X_{[nt]+1}(\omega).$$

考虑 W^n 作为概率空间 $(\Omega, \mathcal{F}, P)$ 到 $\mathbb{C}[0,1]$ ($[0,1]$ 上连续函数全体在一致距离下形成的完备可分空间) 上的随机元. 弱不变原理告诉我们, 在弱收敛意义下, W^n 收敛至布朗运动, 本质上讲, 该收敛是无穷维空间上的弱收敛结果. 关于弱不变原理, 感兴趣的读者可参考 [3] 或 [5].

习　题　3

1. 设 $B = (B_t)_{t\geqslant 0}$ 是标准布朗运动, 求:

(1) $P\left(B_3 > \dfrac{1}{2}\right)$;

(2) $P\left(B_1 < \dfrac{1}{2}, B_3 > B_1 + 2\right)$;

(3) $t = 10$ 之前, 布朗运动的轨道始终在 6 以下的概率;

(4) $P(B_4 \leqslant 0 | B_2 \geqslant 0)$.

2. 设 $B = (B_t)_{t\geqslant 0}$ 是带流概率空间 $(\Omega, \mathcal{F}, \{\mathcal{F}_t\}_{t\geqslant 0}, P)$ 上的标准布朗运动, 令 $\mathcal{F}_t = \sigma(B_r : 0 \leqslant r \leqslant t)$. 若 $s < t$, 求:

(1) $E[B_t^2 | \mathcal{F}_s]$;

(2) $E[e^{4B_t - 2} | \mathcal{F}_s]$;

(3) $E[e^{B_t B_s} | \mathcal{F}_s]$.

3. 假定某只股票的价格通过布朗运动 $B = (B_t)_{t\geqslant 0}$ 刻画, 零时刻布朗运动的值为该股票的发行价. 某人以价格 $b + c$ 买入, 而现在的价格恰好为 b, 这里 $c > 0$. 若此人计划在股票价格回到 $b + c$ 或最多再观望 T 时间后将股票抛出, 求此人不能重新获得买入价的概率.

4. 在甲、乙两人的自行车比赛中, 以 $B = (B_t)_{t \geqslant 0}$ 表示当完成 $100t\%$ 的比赛路程时甲领先的时间 (以 s 记). 假设 B 是从原点出发的标准布朗运动, 若甲以 1 s 领先赢得比赛, 问甲在路程中点领先的概率是多大?

5. 设 $a < 0 < b$, T_a, T_b 分别是从零点出发的布朗运动首次碰到 a, b 的时间. 令 $T = T_a \wedge T_b$, 求:

(1) $P(T_a < T_b)$;

(2) $E[T]$.

6. 设 $B = (B_t)_{t \geqslant 0}$ 是标准布朗运动, 证明:

$$\sum_{j=1}^{2^n} (B_{\frac{j}{2^n}t} - B_{\frac{j-1}{2^n}t})^2 \xrightarrow{\text{a.s.}} t.$$

7. 设 $B = (B_t)_{t \geqslant 0}$ 是标准布朗运动, 证明 $(B_t^4 - 6tB_t^2 + 3t^2)_{t \geqslant 0}$ 是鞅.

部分习题参考答案

第 4 章   伊 藤 积 分

本章将介绍伊藤积分相关知识.

§4.1 引   论

1944 年, 日本数学家伊藤清率先针对布朗运动给出了伊藤型随机积分的定义. 1951 年, 伊藤清给出了伊藤公式. 伊藤清开启了随机分析这一随机过程的分支. 近八十年以来, 随机分析学科迅猛发展, 同时, 在金融资产定价的研究中扮演了十分关键的角色. 从这一章开始, 我们开始介绍伊藤型随机积分 (以下简称伊藤积分).

在上一章的讨论中, 我们已经知道, 对于标准布朗运动 $B = (B_t)_{t \geqslant 0}$, 其轨道是几乎处处不可微的. 因此, 不可能针对布朗运动建立类似于勒贝格 – 斯蒂尔切斯型轨道积分. 事实上, 任何一个非常数的连续鞅都是具有无界变差轨道的.

命题 4.1.1   设 M 是 $(\Omega, \mathcal{F}, \{\mathcal{F}_t\}_{t \geqslant 0}, P)$ 上的连续鞅, 且 M 是有限变差过程[①], 则 $M = M_0$ a.s.

证明: 不妨在 $M_0 = 0$ 下考虑, 下证 $M = 0$ a.s.

设
$$
V_t = \sup_n \sum_{l=1}^n |M_{t_l} - M_{t_{l-1}}|,
$$
$$
M_0 = 0,
$$
$$
D = \{0 = t_0 < t_1 < \cdots < t_n = t\}.
$$

若 M 具有有限变差, 即 $V = (V_t)_{t \geqslant 0}$ 是一个随机过程. 令
$$
S_n = \inf\{s : V_s \geqslant n\},
$$

考虑 M^{S_n} 是具有有界变差的, 若能证明 M^{S_n} 是常数, 令 $n \to \infty$, 便能证明 M 是常数, 因此只考虑 M 的全变差被常数 K 控制的情形.

事实上, 由于 M 是鞅, 故
$$
E[M_t^2] = E\left[\sum_{i=1}^n (M_{t_i}^2 - M_{t_{i-1}}^2)\right] = E\left[\sum_{i=1}^n (M_{t_i} - M_{t_{i-1}})^2\right].
$$

---

① 若随机过程 M 的每一条轨道在任意闭区间 $[a, b]$ 上都是关于时间 t 的有界变差函数 (这里 $b > a \geqslant 0$), 则称 M 是**有限变差过程**.

由于 M 的全变差被常数 K 控制, 且 M 是连续的,

$$E[M_t^2] \leqslant E\left[V_t \sup_i |M_{t_i} - M_{t_{i-1}}|\right]$$
$$\leqslant KE\left[\sup_i |M_{t_i} - M_{t_{i-1}}|\right] \to 0,$$

故 $M_t = 0$. 从而 $M = 0$ a.s. ∎

由于连续鞅不可能建立勒贝格 – 斯蒂尔切斯型轨道积分, 故我们需要建立新型积分.

§4.2   二次变差过程

根据上一节的讨论, 我们知道非常数的连续鞅不可能具备有限变差. 具体来讲, 设 $M = (M_t)_{t \geqslant 0}$ 是 $(\Omega, \mathcal{F}, \{\mathcal{F}_t\}_{t \geqslant 0}, P)$ 上的非常数的连续鞅, 对于 $t > 0$, 若 $0 = t_0^n < t_1^n < \cdots < t_{p_n}^n = t$ 且 $\max_i |t_i^n - t_{i-1}^n| \to 0$, 则

$$\lim_{n \to \infty} \sum_{i=1}^{p_n} |M_{t_i^n} - M_{t_{i-1}^n}| = \infty.$$

考虑更深一点的问题:

$$\sum_{i=1}^{p_n} (M_{t_i^n} - M_{t_{i-1}^n})^2$$

的极限会是什么?

在这一节中, 我们考虑这个问题. 上式的极限事实上就是所谓的二次变差过程. 我们对更广的一类过程进行讨论.

首先引入一类过程: 平方可积鞅. 设 $M = (M_t)_{t \geqslant 0}$ 是 $(\Omega, \mathcal{F}, \{\mathcal{F}_t\}_{t \geqslant 0}, P)$ 上的鞅, 若 $\sup_t E[M_t^2] < \infty$, 则称 M 是**平方可积鞅**. 若存在一列停时 $(T_n)_{n \geqslant 0}$ 且 $\lim_{n \to \infty} T_n = \infty$, 使得 M^{T_n} 是平方可积鞅, 则称 M 是**局部平方可积鞅**. 局部平方可积鞅的全体记为 $\mathcal{M}_{loc}^2$, 平方可积鞅的全体记为 $\mathcal{M}^2$.

设 $M = (M_t)_{t \geqslant 0}$ 是一个右连左极的适应过程, 若存在一列停时 $(T_n)_{n \geqslant 0}$, 使得 $\lim_{n \to \infty} T_n = \infty$, 且对于任意的 $n \geqslant 1$, M^{T_n} 是一致可积鞅, 则称 M 为**局部鞅**.

特别地, 若 $M = (M_t)_{t \geqslant 0}$ 是连续过程, 可以选择合适的 $(T_n)_{n \geqslant 0}$, 使得 M^{T_n} 是一致有界鞅 (只能限制于连续鞅情形).

下面给出一个基础性结论.

定理 4.2.1   令 $M = (M_t)_{t \geqslant 0}$ 是 $(\Omega, \mathcal{F}, \{\mathcal{F}_t\}_{t \geqslant 0}, P)$ 上的连续局部鞅, 则存在唯一的连续增过程 $\langle M, M \rangle$, 使得 $(M_t^2 - \langle M, M \rangle_t)_{t \geqslant 0}$ 是一个连续局部鞅. 进一步, 对于 $t > 0$, 若 $0 = t_0^n < t_1^n < \cdots < t_{p_n}^n = t$ 且 $\max_i |t_i^n - t_{i-1}^n| \to 0$, 则有

$$\sum_{i=1}^{p_n} (M_{t_i^n} - M_{t_{i-1}^n})^2 \xrightarrow{P} \langle M, M \rangle_t.$$

证明[6]: 首先证明唯一性. 若存在两个连续增过程 $\langle M, M\rangle$ 和 $\langle M, M\rangle'$, 使得 $(M_t^2 - \langle M, M\rangle_t)_{t\geqslant 0}$ 和 $(M_t^2 - \langle M, M\rangle_t')_{t\geqslant 0}$ 是连续局部鞅, 则 $(\langle M, M\rangle_t - \langle M, M\rangle_t')_{t\geqslant 0}$ 是连续局部鞅, 且 $\langle M, M\rangle_0 - \langle M, M\rangle_0' = 0$. 此时, $\langle M, M\rangle_t' - \langle M, M\rangle_t$ 是连续局部鞅且具有有限变差轨道, 从而

$$\langle M, M\rangle_t' - \langle M, M\rangle_t = 0.$$

$\langle M, M\rangle_t$ 的唯一性得证.

下面证明存在性. 首先假设 $M = (M_t)_{t\geqslant 0}$ 是一个连续的一致有界鞅. 固定 k, $0 = t_0^n < t_1^n < \cdots < t_{p_n}^n = k$, 考虑

$$X_t^n = \sum_{i=1}^{p_n} M_{t_{i-1}^n}(M_{t_i^n \wedge t} - M_{t_{i-1}^n \wedge t}).$$

固定 n, X^n 是有界鞅, 且经简单计算有

$$M_{t_j^n}^2 - 2X_{t_j^n}^n = \sum_{i=1}^{j}(M_{t_i^n} - M_{t_{i-1}^n})^2.$$

若能够证明

$$\lim_{m,n\to\infty} E[(X_k^n - X_k^m)^2] = 0,$$

则由杜布不等式,

$$\lim_{m,n\to\infty} E\left[\sup_{t\leqslant k}(X_t^m - X_t^n)^2\right] = 0.$$

故对于给定的 $t > 0$, $(X_t^n)_{n\geqslant 1}$ 是一个 L^2 意义下的柯西列 (即 $\lim_{n,m\to\infty} E[|X_t^n - X_t^m|^2] = 0$), 假设此极限为 Y. 此时 Y 具有连续的轨道.

事实上, 可以找到一个子列 $\{n_k\}_{k\geqslant 1}$, 使得

$$E\left[\sup_{t\leqslant k}(X_t^{n_{k+1}} - X_t^{n_k})^2\right] \leqslant 2^{-k},$$

于是

$$E\left[\sum_{k=1}^{\infty}\sup_{t\leqslant k}|X_t^{n_{k+1}} - X_t^{n_k}|^2\right] < \infty.$$

故

$$\sum_{k=1}^{\infty}\sup_{t\leqslant k}|X_t^{n_{k+1}} - X_t^{n_k}| < \infty \quad \text{a.s.}$$

于是在 $[0, k]$ 上, $(X_t^{n_k})_{k\geqslant 1}$ 是一致收敛的. 由于 X^n 是连续的, 故 $Y = (Y_t)_{0\leqslant t\leqslant k}$ 是连续的. 由于 $(X_t^n)_{n\geqslant 1}$ 在 L^2 意义下收敛于 Y, 当 $0 < s < t < k$ 时, 对于 $A \in \mathcal{F}_s$, 注意到 X^n 是鞅, 故

$$\int_A X_s^n \, \mathrm{d}P = \int_A X_t^n \, \mathrm{d}P.$$

由于

$$\int_A Y_s \, \mathrm{d}P = \int_A Y_t \, \mathrm{d}P,$$

故

$$E[Y_t \mid \mathcal{F}_s] = Y_s.$$

因此 $\{Y_{t \wedge k}\}_{t \geqslant 0}$ 是鞅. 由于 $M_{t_j^n}^2 - 2X_{t_j^n}^n \geqslant 0$, 令 $n \to \infty$, 可知 $M_t^2 - 2Y_t$ 是连续的增过程. 令

$$A_t^{(k)} = M_t^2 - 2Y_t,$$

此时 $(M_{t \wedge k}^2 - A_{t \wedge k}^{(k)})_{t \geqslant 0}$ 是鞅.

定义 $\langle M, M \rangle$ 如下:

$$\langle M, M \rangle_t = A_t^{(k)}, \quad t \in [0, k].$$

考虑当 $k' > k$ 时, 由 $\langle M, M \rangle_t$ 的唯一性可知 $A_t^{(k')} = A_t^{(k)}, t \in [0, k]$. 令 $k \to \infty$, 便可得到 $\langle M, M \rangle_t$ 的存在性.

至此, 我们需要证明

$$\lim_{m, n \to \infty} E[(X_k^n - X_k^m)^2] = 0.$$

不妨设 $n \leqslant m$, 注意到

$$(X_k^n - X_k^m)^2 = (X_k^n)^2 + (X_k^m)^2 - 2X_k^n X_k^m.$$

不妨假设 $\{t_0^n, t_1^n, \cdots, t_{p_n}^n\} \subset \{t_0^m, t_1^m, \cdots, t_{p_m}^m\}$, 首先考虑

$$E[X_k^n X_k^m] = \sum_{i=1}^{p_n} \sum_{j=1}^{p_m} E[M_{t_{i-1}^n}(M_{t_i^n} - M_{t_{i-1}^n}) M_{t_{j-1}^m}(M_{t_j^m} - M_{t_{j-1}^m})].$$

假设 $t_i^n \leqslant t_{j-1}^m$, 则

$$E[M_{t_{i-1}^n}(M_{t_i^n} - M_{t_{i-1}^n}) M_{t_{j-1}^m}(M_{t_j^m} - M_{t_{j-1}^m})]$$
$$= E\big[E[M_{t_{i-1}^n}(M_{t_i^n} - M_{t_{i-1}^n}) M_{t_{j-1}^m}(M_{t_j^m} - M_{t_{j-1}^m}) \mid \mathcal{F}_{t_{j-1}^m}]\big]$$
$$= 0.$$

类似地, 可得 $\sum_{i=1}^{p_n} \sum_{j=1}^{p_m} E[M_{t_{i-1}^n}(M_{t_i^n} - M_{t_{i-1}^n}) M_{t_{j-1}^m}(M_{t_j^m} - M_{t_{j-1}^m})]$ 各项中只有满足以下情况时不为 0: 对 $j = 1, 2, \cdots, p_m$, 令 $i_{n,m}(j)$ 为唯一的 i 使得 $(t_{j-1}^m, t_j^m] \subset (t_{i-1}^n, t_i^n]$. 因此只有不为 0 的部分保留下来, 即

$$E[X_k^n X_k^m] = \sum_{1 \leqslant j \leqslant p_m, i = i_{n,m}(j)} E[M_{t_{i-1}^n}(M_{t_i^n} - M_{t_{i-1}^n}) M_{t_{j-1}^m}(M_{t_j^m} - M_{t_{j-1}^m})].$$

由于

$$M_{t_i^n} - M_{t_{i-1}^n} = \sum_{k: i_{n,m}(k) = i} M_{t_k^n} - M_{t_{k-1}^n},$$

事实上只有当 $k = j$ 时不会产生 0, 故

$$E[X_k^n X_k^m] = \sum_{1 \leqslant j \leqslant p_m, i = i_{n,m}(j)} E[M_{t_{i-1}^n} M_{t_{j-1}^m} (M_{t_j^m} - M_{t_{j-1}^m})^2].$$

同理,

$$E[(X_k^m)^2] = \sum_{1 \leqslant j \leqslant p_m} E[M_{t_{j-1}^m}^2 (M_{t_j^m} - M_{t_{j-1}^m})^2].$$

$$E[(X_k^n)^2] = \sum_{1 \leqslant j \leqslant p_m, i = i_{n,m}(j)} E[M_{t_{i-1}^n}^2 (M_{t_j^m} - M_{t_{j-1}^m})^2].$$

于是

$$E[(X_k^n - X_k^m)^2]$$

$$= E\left[\sum_{1 \leqslant j \leqslant p_m, i = i_{n,m}(j)} (M_{t_i^n} - M_{t_{i-1}^n})^2 (M_{t_j^m} - M_{t_{j-1}^m})^2 \right]$$

$$\leqslant \left\{ E\left[\sup_{1 \leqslant j \leqslant p_m, i = i_{n,m}(j)} (M_{t_i^n} - M_{t_{i-1}^n})^4 \right] \right\}^{1/2} \cdot \left\{ E\left[\left(\sum_{1 \leqslant j \leqslant p_m} (M_{t_j^m} - M_{t_{j-1}^m})^2 \right)^2 \right] \right\}^{1/2}.$$

由 M 的连续性, 只需证明

$$E\left[\left(\sum_{1 \leqslant j \leqslant p_m} (M_{t_j^m} - M_{t_{j-1}^m})^2 \right)^2 \right] \leqslant C.$$

设 $|M_t| \leqslant A$, A 是常数, 则

$$E\left[\left(\sum_{1 \leqslant j \leqslant p_m} (M_{t_j^m} - M_{t_{j-1}^m})^2 \right)^2 \right]$$

$$= E\left[\sum_{1 \leqslant j \leqslant p_m} (M_{t_j^m} - M_{t_{j-1}^m})^4 \right] +$$

$$2E\left[\sum_{1 \leqslant j < k \leqslant p_m} (M_{t_j^m} - M_{t_{j-1}^m})^2 (M_{t_k^m} - M_{t_{k-1}^m})^2 \right]$$

$$\leqslant 4A^2 E\left[\left(\sum_{1 \leqslant j \leqslant p_m} (M_{t_j^m} - M_{t_{j-1}^m})^2 \right)^2 \right] +$$

$$2E\left[\sum_{j=1}^{p_m - 1} (M_{t_j^m} - M_{t_{j-1}^m})^2 E\left[\sum_{k=j+1}^{p_m} (M_{t_k^m} - M_{t_{k-1}^m})^2 \Big| \mathcal{F}_{t_j^m} \right] \right]$$

$$
\begin{aligned}
&= 4A^2 E\Bigg[\sum_{1\leqslant j\leqslant p_m}(M_{t_j^m}-M_{t_{j-1}^m})^2\Bigg] + \\
&\quad 2E\Bigg[\sum_{j=1}^{p_m-1}(M_{t_j^m}-M_{t_{j-1}^m})^2 E[(M_k-M_{t_j^m})^2 \mid \mathcal{F}_{t_j^m}]\Bigg] \\
&\leqslant 12A^2 E\Bigg[\sum_{1\leqslant j\leqslant p_m}(M_{t_j^m}-M_{t_{j-1}^m})^2\Bigg] \\
&= 12A^2 E[(M_k-M_0)^2] \\
&\leqslant 48A^4.
\end{aligned}
$$

因此, 可以得到

$$
\lim_{m,n\to\infty} E[(X_k^n-X_k^m)^2] = 0.
$$

由于

$$
M_{t_{p_n}^n}^2 - 2X_{t_{p_n}^n}^n = \sum_{i=1}^{p_n}(M_{t_i^n}-M_{t_{i-1}^n})^2,
$$

故易得

$$
\sum_{i=1}^{p_n}(M_{t_i^n}-M_{t_{i-1}^n})^2 \xrightarrow{P} \langle M,M\rangle_t.
$$

现在不再假设 M 的有界性, 考虑一般的情况. 令

$$
T_n = \inf\{t : |M_t| \geqslant n\}.
$$

利用上面的讨论, 存在连续的增过程 $Q^{(n)} = \langle M^{T_n}, M^{T_n}\rangle$, 使得 $(M^{T_n})^2 - Q^{(n)}$ 是鞅. 在集合 $\{(t,\omega) : t < T_n(\omega)\}$ 上令 $\langle M,M\rangle = Q^{(n)}$, 对于 $t>0$, $\lim\limits_{n\to\infty} P(t<T_n)=1$, 结合 $Q^{(n)}$ 的唯一性, 最终证明结论. ∎

这里值得注意的是, 上述证明最后的部分被称为局部化技巧. 至此, 我们得到, 对于任一连续局部鞅 M, 存在唯一的连续增过程 $\langle M,M\rangle$, 使得 $M^2 - \langle M,M\rangle$ 是局部鞅.

定义 4.2.1 设 M 是 $(\Omega,\mathcal{F},\{\mathcal{F}_t\}_{t\geqslant 0}, P)$ 上的连续局部鞅, 若存在唯一的连续增过程 $\langle M,M\rangle$, 使得 $M^2 - \langle M,M\rangle$ 是局部鞅, 则称 $\langle M,M\rangle$ 为 M 的**二次变差过程**.

对于两个连续局部鞅 M, N,

$$
MN = \frac{1}{4}[(M+N)^2 - (M-N)^2].
$$

由于

$$
\frac{1}{4}[(M+N)^2 - (M-N)^2] - \frac{1}{4}(\langle M+N, M+N\rangle - \langle M-N, M-N\rangle)
$$

是局部鞅, 故

$$
MN - \frac{1}{4}(\langle M+N, M+N\rangle - \langle M-N, M-N\rangle)
$$

是局部鞅. 因此我们定义

$$\langle M, N \rangle = \frac{1}{4}((\langle M + N, M + N \rangle - \langle M - N, M - N \rangle),$$

此时 $MN - \langle M, N \rangle$ 是局部鞅.

这里不加证明地给出以下定理.

定理 4.2.2 若 M, N 是连续局部鞅, 存在唯一的连续有限变差过程 $\langle M, N \rangle$, 使得 $MN - \langle M, N \rangle$ 是局部鞅. 进一步, 对于 $[0, t]$, 若划分 $D: 0 = t_0 < t_1 < \cdots < t_n = t$, 且 $\max_i |t_i - t_{i-1}| \to 0 \ (n \to \infty)$, 则

$$\sum_{i=1}^{n} (M_{t_{i+1}} - M_{t_i})(N_{t_{i+1}} - N_{t_i}) \xrightarrow{P} \langle M, N \rangle_t.$$

进一步, 若考虑停止过程, 有如下结果.

命题 4.2.1 若 T 是停时, 则对连续局部鞅 M, N, 有

$$\langle M^T, N^T \rangle = \langle M, N^T \rangle = \langle M, N \rangle^T = \langle M^T, N \rangle.$$

证明: 由于 $MN - \langle M, N \rangle$ 是局部鞅, 故 $M^T N^T - \langle M, N \rangle^T$ 是局部鞅. 从而

$$\langle M^T, N^T \rangle = \langle M, N \rangle^T.$$

其次, 由于 $N^T(M - M^T) = \mathbf{1}_{\{T \leqslant t\}} N_T(M_t - M_T)$ 是局部鞅, 故 $N^T M - \langle M, N \rangle^T = N^T M - N^T M^T + N^T M^T - \langle M, N \rangle^T$ 是局部鞅. 由二次变差过程的唯一性,

$$\langle M, N^T \rangle = \langle M, N \rangle^T.$$

类似可得 $\langle M^T, N \rangle = \langle M, N \rangle^T$. 得证. ■

接下来的几个命题给出了二次变差过程的一些性质.

命题 4.2.2 设 $M = (M_t)_{t \geqslant 0}$ 是连续局部鞅, 且 $M_0 = 0$. 若 $\langle M, M \rangle = 0$, 则

$$M \equiv 0 \ \text{a.s.}$$

证明: 若 $\langle M, M \rangle = 0$, 则 $E[M_t^2] = 0$, 即 $M_t \equiv 0$ a.s. ■

命题 4.2.3 若 M, N, Y 是连续局部鞅, 则

$$\langle M + N, Y \rangle = \langle M, Y \rangle + \langle N, Y \rangle.$$

证明: 考虑 $(M + N)Y = MY + NY$, $MY - \langle M, Y \rangle$ 是局部鞅, $NY - \langle N, Y \rangle$ 是局部鞅, 则 $(M + N)Y - \langle M, Y \rangle - \langle N, Y \rangle$ 是局部鞅. 因此

$$\langle M + N, Y \rangle = \langle M, Y \rangle + \langle N, Y \rangle.$$
■

在随机分析中, 半鞅过程经常被研究. 下面我们给出半鞅的定义.

定义 4.2.2 设 S 是 $(\Omega,\mathcal{F},\{\mathcal{F}_t\}_{t\geqslant 0},P)$ 上的适应过程. 若 $S=M+A$, M 是局部鞅, A 是适应的有限变差过程, 则称 S 为**半鞅**.

事实上, 可以证明, 若 S 是 $(\Omega,\mathcal{F},\{\mathcal{F}_t\}_{t\geqslant 0},P)$ 上的连续半鞅, 则有 $S=M+A$, 其中 M 是连续局部鞅, A 是连续的有限变差过程.

关于有限变差过程, 有

命题 4.2.4 若 A 是 $(\Omega,\mathcal{F},\{\mathcal{F}_t\}_{t\geqslant 0},P)$ 上适应的连续的有限变差过程, 则

$$\langle A,A\rangle_t=0 \text{ a.s.}$$

证明: 对于 $[0,t]$, 考虑划分 $0=t_0<t_1<\cdots<t_n=t$. 利用局部化技巧, 不妨假设 A 是有界的, 注意到

$$\sum_{i=1}^{n}(A_{t_i}-A_{t_{i-1}})^2 \leqslant \sup_i|A_{t_i}-A_{t_{i-1}}|\sum_{i=1}^{n}|A_{t_i}-A_{t_{i-1}}|,$$

由于 A 是有限变差过程, 且连续, 故上式极限为 0, 即 $\langle A,A\rangle_t=0$ a.s. ∎

类似地, 若 A, B 是适应的连续的有限变差过程, 则 $\langle A,B\rangle=0$, 且易得以下结论.

命题 4.2.5 设 S 是 $(\Omega,\mathcal{F},\{\mathcal{F}_t\}_{t\geqslant 0},P)$ 上的连续半鞅. 若 $S=M+A$, M 是连续局部鞅, A 是连续的有限变差过程, 则 $\langle S,S\rangle=\langle M,M\rangle$.

在连续时间框架下, 我们经常讨论局部鞅. 一个过程如果是局部鞅, 很可能不是鞅. 下面给出一个命题, 它描述了局部鞅和鞅的关系.

命题 4.2.6 设 M 是连续局部鞅, 且 $E[M_0^2]<\infty$, 以下论断等价:

(1) $E[\langle M,M\rangle_\infty]<\infty$;

(2) M 是鞅, 且 $\sup_{t\geqslant 0}E[M_t^2]<\infty$.

特别地, 若上式成立, 则 $(M_t^2-\langle M,M\rangle_t)_{t\geqslant 0}$ 是一致可积鞅.

证明[6]: 首先证明 (2)$\Rightarrow$(1). 不妨设 $M_0=0$, 对于 $K>0$, 由杜布不等式,

$$E\Big[\sup_{0\leqslant t\leqslant K}M_t^2\Big] \leqslant 4E[M_K^2].$$

令 $K\to\infty$, 则有

$$E\Big[\sup_{t\geqslant 0}M_t^2\Big] \leqslant 4\sup_{t\geqslant 0}E[M_t^2]<\infty.$$

令

$$S_n=\inf\{t>0:\langle M,M\rangle_t\geqslant n\},$$

则连续局部鞅 $M_{t\wedge S_n}^2-\langle M,M\rangle_{t\wedge S_n}$ 被 $\sup_{t\geqslant 0}M_t^2+n$ 控制. 由 $\sup_{t\geqslant 0}M_t^2$ 的可积性可知, $M_{t\wedge S_n}^2-\langle M,M\rangle_{t\wedge S_n}$ 是一致可积鞅, 且

$$E[\langle M,M\rangle_{t\wedge S_n}]=E[M_{t\wedge S_n}^2]\leqslant E\Big[\sup_{t\geqslant 0}M_t^2\Big].$$

令 $n\to\infty$, $t\to\infty$, 有

$$E[\langle M,M\rangle_\infty]\leqslant E\Big[\sup_{t\geqslant 0}M_t^2\Big]<\infty.$$

下证 (1)$\Longrightarrow$(2). 假设 $E[\langle M, M \rangle_\infty] < \infty$, 令

$$T_n = \inf\{t \geqslant 0 : |M_t| \geqslant n\}.$$

此时 $M_{t \wedge T_n}^2 - \langle M, M \rangle_{t \wedge T_n}$ 被 $n^2 + \langle M, M \rangle_\infty$ 控制, 故 $(M_{t \wedge T_n}^2 - \langle M, M \rangle_{t \wedge T_n})$ 是一致可积鞅. 于是

$$E[M_{t \wedge T_n}^2] = E[\langle M, M \rangle_{t \wedge T_n}] \leqslant E[\langle M, M \rangle_\infty] < \infty.$$

令 $n \to \infty$,

$$E[M_t^2] \leqslant E[\langle M, M \rangle_\infty] < \infty.$$

故 $\sup_{t \geqslant 0} E[M_t^2] < \infty$. 下证 $M = (M_t)_{t \geqslant 0}$ 是鞅. 由于

$$E[M_{t \wedge T_n}^2] \leqslant E[\langle M, M \rangle_\infty] < \infty,$$

故 $(M_{t \wedge T_n})_{n \geqslant 0}$ 是一致可积的. 从而 $(M_{t \wedge T_n})_{n \geqslant 1}$ 是 L^1 收敛于 M_t 的. 当 $t \geqslant s$ 时,

$$E[M_{t \wedge T_n} \mid \mathcal{F}_s] = M_{s \wedge T_n}.$$

L^1 收敛意味着, 对于 $A \in \mathcal{F}_s$,

$$\int_A M_{t \wedge T_n} \, \mathrm{d}P = \int_A M_{s \wedge T_n} \, \mathrm{d}P.$$

令 $n \to \infty$, 得

$$\int_A M_t \, \mathrm{d}P = \int_A M_s \, \mathrm{d}P.$$

因此 $E[M_t \mid \mathcal{F}_s] = M_s$, 即 M 是鞅. ∎

设 $B = (B_t)_{t \geqslant 0}$ 是 $(\Omega, \mathcal{F}, \{\mathcal{F}_t\}_{t \geqslant 0}, P)$ 上的标准布朗运动. 因为 $(B_t^2 - t)_{t \geqslant 0}$ 是鞅, 所以 $\langle B, B \rangle_t = t$.

下面考虑稍微复杂一点的问题.

定义 4.2.3 设 $0 = t_0 < t_1 < \cdots < t_k \to \infty$, f 是关于 $\mathcal{F}_0$ 可测的有界随机变量, f_i 是关于 $\mathcal{F}_{t_i}$ 可测的有界随机变量. 令

$$F_t = f \mathbf{1}_{\{0\}}(t) + \sum_{i=0}^\infty f_i \mathbf{1}_{(t_i, t_{i+1}]}(t).$$

则 $F = (F_t)_{t \geqslant 0}$ 称为**简单过程**. 简单过程全体记为 $\mathscr{L}_0$.

显然, $F = (F_t)_{t \geqslant 0}$ 是一个适应的左连续过程. 对于标准布朗运动 $B = (B_t)_{t \geqslant 0}$, 定义过程 $(\mathcal{J}(F)_t)_{t \geqslant 0}$ 如下:

$$\mathcal{J}(F)_t = \sum_{i=0}^\infty f_i (B_{t \wedge t_{i+1}} - B_{t \wedge t_i}).$$

事实上, $\mathcal{J}(F)_t$ 的表达式中只有有限多项是非零的, 并且有下面的命题.

命题 4.2.7 $(\mathcal{J}(F)_t)_{t \geqslant 0}$ 是 $(\Omega, \mathcal{F}, \{\mathcal{F}_t\}_{t \geqslant 0}, P)$ 上的鞅.

证明[7]：下面证明对于 $t > s$, 有 $E[\mathcal{J}(F)_t \mid \mathcal{F}_s] = \mathcal{J}(F)_s$. 设 $t_j < t \leqslant t_{j+1}, t_k < s \leqslant t_{k+1}, k \leqslant j$, 注意到

$$\mathcal{J}(F)_t = \sum_{i=0}^{j-1} f_i(B_{t_{i+1}} - B_{t_i}) + f_j(B_t - B_{t_j}),$$

$$\mathcal{J}(F)_s = \sum_{i=0}^{k-1} f_i(B_{t_{i+1}} - B_{t_i}) + f_k(B_s - B_{t_k}),$$

当 $k < j - 1$ 时，

$$\mathcal{J}(F)_t - \mathcal{J}(F)_s = \sum_{i=k+1}^{j-1} f_i(B_{t_{i+1}} - B_{t_i}) + f_j(B_t - B_{t_j}) + f_k(B_{t_{k+1}} - B_s).$$

若 $k + 1 \leqslant i \leqslant j - 1$, 则 $s < t_i$, 于是 $\mathcal{F}_s \subset \mathcal{F}_{t_i}$. 从而

$$\begin{aligned}
E[f_i(B_{t_{i+1}} - B_{t_i}) \mid \mathcal{F}_s] &= E[E[f_i(B_{t_{i+1}} - B_{t_i}) \mid \mathcal{F}_{t_i}] \mid \mathcal{F}_s] \\
&= E[f_i E[(B_{t_{i+1}} - B_{t_i}) \mid \mathcal{F}_{t_i}] \mid \mathcal{F}_s] \\
&= 0.
\end{aligned}$$

因此

$$E\left[\sum_{i=k+1}^{j-1} f_i(B_{t_{i+1}} - B_{t_i}) \Big| \mathcal{F}_s\right] = 0.$$

对于 $f_j(B_t - B_{t_j})$,

$$\begin{aligned}
E[f_j(B_t - B_{t_j}) \mid \mathcal{F}_s] &= E[E[f_j(B_t - B_{t_j}) \mid \mathcal{F}_{t_j}] \mid \mathcal{F}_s] \\
&= E[f_j E[(B_t - B_{t_j}) \mid \mathcal{F}_{t_j}] \mid \mathcal{F}_s] = 0,
\end{aligned}$$

$$E[f_k(B_{t_{k+1}} - B_s) \mid \mathcal{F}_s] = f_k E[(B_{t_{k+1}} - B_s) \mid \mathcal{F}_s] = 0,$$

故当 $k < j - 1$ 时，

$$E[(\mathcal{J}(F)_t - \mathcal{J}(F)_s) \mid \mathcal{F}_s] = 0.$$

当 $k = j - 1$ 时，$t_{j-1} < s \leqslant t_j < t \leqslant t_{j+1}$, 此时

$$\begin{aligned}
\mathcal{J}(F)_t - \mathcal{J}(F)_s &= f_{j-1}(B_{t_j} - B_s) + f_j(B_t - B_{t_j}), \\
E[(\mathcal{J}(F)_t - \mathcal{J}(F)_s) \mid \mathcal{F}_s] \\
&= E[f_{j-1}(B_{t_j} - B_s) \mid \mathcal{F}_s] + E[f_j(B_t - B_{t_j}) \mid \mathcal{F}_s] \\
&= f_{j-1} E[(B_{t_j} - B_s) \mid \mathcal{F}_s] + E[E[f_j(B_t - B_{t_j}) \mid \mathcal{F}_{t_j}] \mid \mathcal{F}_s] \\
&= 0 + E[f_j E[(B_t - B_{t_j}) \mid \mathcal{F}_{t_j}] \mid \mathcal{F}_s] \\
&= 0.
\end{aligned}$$

当 $t_j < s < t < t_{j+1}$ 时, 结论易证.

故 $(\mathcal{J}(F)_t)_{t \geqslant 0}$ 是 $(\Omega, \mathcal{F}, \{\mathcal{F}_t\}_{t \geqslant 0}, P)$ 上的鞅. ∎

进一步, 有

命题 4.2.8 $\left(\mathcal{J}(F)_t^2 - \int_0^t F_s^2 \, \mathrm{d}s \right)_{t \geqslant 0}$ 是鞅.

证明[7]: 下面证明当 $t \geqslant s$ 时,

$$E\left[\left(\mathcal{J}(F)_t^2 - \int_0^t F_u^2 \, \mathrm{d}u \right) \Big| \mathcal{F}_s \right] = \mathcal{J}(F)_s^2 - \int_0^s F_u^2 \, \mathrm{d}u.$$

考虑

$$\mathcal{J}(F)_t^2 - \mathcal{J}(F)_s^2 = (\mathcal{J}(F)_t - \mathcal{J}(F)_s + \mathcal{J}(F)_s)^2 - \mathcal{J}(F)_s^2$$
$$= (\mathcal{J}(F)_t - \mathcal{J}(F)_s)^2 + 2(\mathcal{J}(F)_t - \mathcal{J}(F)_s)\mathcal{J}(F)_s,$$

$$E[(2(\mathcal{J}(F)_t - \mathcal{J}(F)_s)\mathcal{J}(F)_s) \mid \mathcal{F}_s] = 2\mathcal{J}(F)_s E[(\mathcal{J}(F)_t - \mathcal{J}(F)_s) \mid \mathcal{F}_s] = 0.$$

进一步,

$$(\mathcal{J}(F)_t - \mathcal{J}(F)_s)^2 = \left[\sum_{i=0}^{\infty} f_i(B_{t_{i+1} \wedge t} - B_{t_i \wedge t}) - \sum_{i=0}^{\infty} f_i(B_{t_{i+1} \wedge s} - B_{t_i \wedge s}) \right]^2.$$

设 $t_j < t \leqslant t_{j+1}$, $t_k < s \leqslant t_{k+1}$, 若 $k < j-1$, 此时

$$(\mathcal{J}(F)_t - \mathcal{J}(F)_s)^2 = \left[\sum_{i=k+1}^{j-1} f_i(B_{t_{i+1}} - B_{t_i}) + f_j(B_t - B_{t_j}) + f_k(B_{t_{k+1}} - B_s) \right]^2$$
$$= f_j^2(B_t - B_{t_j})^2 + f_k^2(B_{t_{k+1}} - B_s)^2 +$$
$$2f_k f_j(B_t - B_{t_j})(B_{t_{k+1}} - B_s) + \left[\sum_{i=k+1}^{j-1} f_i(B_{t_{i+1}} - B_{t_i}) \right]^2 +$$
$$2 \sum_{i=k+1}^{j-1} f_i f_j(B_{t_{i+1}} - B_{t_i})(B_t - B_{t_j}) +$$
$$2 \sum_{i=k+1}^{s-1} f_i f_k(B_{t_{k+1}} - B_s)(B_{t_{i+1}} - B_{t_i}).$$

这时

$$E[f_j^2(B_t - B_{t_j})^2 \mid \mathcal{F}_s] = E[E[f_j^2(B_t - B_{t_j})^2 \mid \mathcal{F}_{t_j}] \mid \mathcal{F}_s]$$
$$= E[f_j^2(t - t_j) \mid \mathcal{F}_s].$$

$$E[f_k^2(B_{t_{k+1}} - B_s)^2 \mid \mathcal{F}_s] = E[f_k^2(t_{k+1} - s) \mid \mathcal{F}_s].$$

当 $j - 1 \geqslant i \geqslant k+1$ 时,

$$E[f_i f_j(B_{t_{i+1}} - B_{t_i})(B_t - B_{t_j}) \mid \mathcal{F}_s]$$
$$= E[E[f_i f_j(B_{t_{i+1}} - B_{t_i})(B_t - B_{t_j}) \mid \mathcal{F}_{t_j}] \mid \mathcal{F}_s] = 0.$$

同理,

$$E[f_i f_k (B_{t_{k+1}} - B_s)(B_{t_{i+1}} - B_{t_i}) \mid \mathcal{F}_s] = 0.$$

接下来可以考虑

$$\left[\sum_{i=k+1}^{j-1} f_i (B_{t_{i+1}} - B_{t_i}) \right]^2 = \sum_{i=k+1}^{j-1} f_i^2 (B_{t_{i+1}} - B_{t_i})^2 + $$

$$2 \sum_{k+1 \leqslant i < l \leqslant j-1} f_i f_l (B_{t_{i+1}} - B_{t_i})(B_{t_{l+1}} - B_{t_l}).$$

类似于上面的讨论,

$$E\left[\left(\sum_{i=k+1}^{j-1} f_i (B_{t_{i+1}} - B_{t_i}) \right)^2 \bigg| \mathcal{F}_s \right] = E\left[\sum_{i=k+1}^{j-1} f_i^2 (t_{i+1} - t_i) \bigg| \mathcal{F}_s \right],$$

$$E\left[\sum_{k+1 \leqslant i < l \leqslant j-1} f_i f_l (B_{t_{i+1}} - B_{t_i})(B_{t_{l+1}} - B_{t_l}) \bigg| \mathcal{F}_s \right] = 0.$$

综上,

$$E[(\mathcal{J}(F)_t - \mathcal{J}(F)_s)^2 \mid \mathcal{F}_s]$$

$$= E\left[\left(\sum_{i=k+1}^{j-1} f_i^2 (t_{i+1} - t_i) + f_j^2 (t - t_j) + f_k^2 (t_{k+1} - s) \right) \bigg| \mathcal{F}_s \right],$$

于是

$$E\left[\left(\mathcal{J}(F)_t^2 - \int_0^t F_u^2 \, \mathrm{d}u \right) \bigg| \mathcal{F}_s \right] = \mathcal{J}(F)_s^2 - \int_0^s F_u^2 \, \mathrm{d}u.$$

即 $\left(\mathcal{J}(F)_t^2 - \int_0^t F_s^2 \, \mathrm{d}s \right)_{t \geqslant 0}$ 是鞅. ∎

由前面的讨论, 我们知道

$$\langle \mathcal{J}(F), \mathcal{J}(F) \rangle_t = \int_0^t F_s^2 \, \mathrm{d}s.$$

§4.3 连续局部鞅的伊藤积分

在上一节的介绍中, 我们讨论了形如

$$\mathcal{J}(F)_t = \sum_{i=0}^{\infty} f_i (B_{t \wedge t_{i+1}} - B_{t \wedge t_i})$$

的性质. $\mathcal{J}(F)$ 很像之前学过的黎曼和. 事实上, $\mathcal{J}(F)$ 就是接下来要讲的伊藤积分 (但要注意的是, 伊藤积分绝不是黎曼和或者黎曼积分). 接下来, 我们考虑一个问题: 如果

$F = (F_s)_{s \geqslant 0}$ 是循序可测过程, 且满足 $\int_0^\infty F_s^2 \, \mathrm{d}s < \infty$, 我们能否找到一个连续鞅 M, 使得 $\langle M, M \rangle_t = \int_0^t F_s^2 \, \mathrm{d}s$?

为了回答这一问题, 我们引入连续局部鞅的伊藤积分. 首先需要一些记号. 在 $(\Omega, \mathcal{F}, \{\mathcal{F}_t\}_{t \geqslant 0}, P)$ 上, 记 $\mathcal{H}^2$ 为满足 $\sup_t E[M_t^2] < \infty$ 的连续鞅全体, 记 $\mathcal{H}_0^2$ 为 $\mathcal{H}^2$ 中满足 $M_0 = 0$ 的连续鞅全体. 在 $\mathcal{H}^2$ 中引入范数:

$$||M||_{\mathcal{H}^2} = (E[M_\infty^2])^{1/2} = \lim_{t \to \infty} (E[M_t^2])^{1/2}.$$

事实上, 由于 $\mathcal{H}^2$ 中的连续鞅满足 $\sup_t E[M_t^2] < \infty$, 显然 $\mathcal{H}^2$ 中的连续鞅是一致可积的, 因此有 $M_t = E[M_\infty \mid \mathcal{F}_t]$. 容易验证 $\mathcal{H}^2$ 在引入范数 $||M||_{\mathcal{H}^2}$ 后, 定义内积 $(M, N) = E[M_\infty N_\infty]$, 可作成一个希尔伯特空间.

设 $M \in \mathcal{H}^2$, 记 $L^2(M)$ 为满足

$$||K||_M^2 = E\left[\int_0^\infty K_s^2 \, \mathrm{d}\langle M, M \rangle_s\right] < \infty$$

的循序可测的 K 的全体. 这里循序可测的意思即为 $K : \Omega \times [0, t] \to \mathbb{R}$. 当 t 给定时, K 关于 $\mathcal{F}_t \otimes \mathbb{R}_t$ 可测 (此时 K 限制在 $[0, t]$ 上).

介绍伊藤积分之前, 我们先给出两个关键的不等式.

命题 4.3.1 设 M, N 是连续局部鞅, K, H 是循序可测过程, 则

$$\int_0^t |H_s| \cdot |K_s| \, |\mathrm{d}\langle M, N \rangle|_s \leqslant \left(\int_0^t H_s^2 \, \mathrm{d}\langle M, M \rangle_s\right)^{1/2} \left(\int_0^t K_s^2 \, \mathrm{d}\langle N, N \rangle_s\right)^{1/2}.$$

证明: 由单调类方法 (参见文献 [10] 中定理 2.2.1), 只需考虑

$$H = H_0 \mathbf{1}_{\{0\}} + H_1 \mathbf{1}_{(0, t_1]} + \cdots + H_n \mathbf{1}_{(t_{n-1}, t_n]}$$

及

$$K = K_0 \mathbf{1}_{\{0\}} + K_1 \mathbf{1}_{(0, t_1]} + \cdots + K_n \mathbf{1}_{(t_{n-1}, t_n]}$$

的情形, 这里 $K_0, K_1, \cdots, K_n, H_0, H_1, \cdots, H_n$ 是有界随机变量. 记

$$\langle M, N \rangle_s^t = \langle M, N \rangle_t - \langle M, N \rangle_s,$$

故

$$\left|\int_0^t H_s K_s \, \mathrm{d}\langle M, N \rangle_s\right| \leqslant \sum_i |H_i K_i| \cdot |\langle M, N \rangle_{t_i}^{t_{i+1}}|.$$

考虑对于 $s < t$,

$$\langle M, M \rangle_s^t + 2r \langle M, N \rangle_s^t + r^2 \langle N, N \rangle_s^t = \langle M + rN, M + rN \rangle_s^t \geqslant 0,$$

故

$$|\langle M, N\rangle_s^t| \leqslant (\langle M, M\rangle_s^t)^{1/2}(\langle N, N\rangle_s^t)^{1/2}.$$

于是

$$|\langle M, N\rangle_{t_i}^{t_{i+1}}| \leqslant (\langle M, M\rangle_{t_i}^{t_{i+1}})^{1/2}(\langle N, N\rangle_{t_i}^{t_{i+1}})^{1/2}.$$

可以得到

$$\left|\int_0^t H_s K_s\,\mathrm{d}\langle M, N\rangle_s\right| \leqslant \sum_i |H_i||K_i|(\langle M, M\rangle_{t_i}^{t_{i+1}})^{1/2}\cdot(\langle N, N\rangle_{t_i}^{t_{i+1}})^{1/2}.$$

由柯西 – 施瓦茨不等式,

$$\sum_i |H_i||K_i|(\langle M, M\rangle_{t_i}^{t_{i+1}})^{1/2}\cdot(\langle N, N\rangle_{t_i}^{t_{i+1}})^{1/2}$$

$$\leqslant \left(\sum_i H_i^2\langle M, M\rangle_{t_i}^{t_{i+1}}\right)^{1/2}\cdot\left(\sum_i K_i^2\langle N, N\rangle_{t_i}^{t_{i+1}}\right)^{1/2}$$

$$=\left(\int_0^t H_s^2\,\mathrm{d}\langle M, M\rangle_s\right)^{1/2}\cdot\left(\int_0^t K_s^2\,\mathrm{d}\langle N, N\rangle_s\right)^{1/2}.$$

而由 $|\langle M, N\rangle_s^t| \leqslant (\langle M, M\rangle_s^t)^{1/2}(\langle N, N\rangle_s^t)^{1/2}$ 可得

$$\left|\int_0^t 1\,\mathrm{d}\langle M, N\rangle_u\right| \leqslant (\langle M, M\rangle_0^t)^{1/2}(\langle N, N\rangle_0^t)^{1/2}.$$

于是

$$\int_0^t |H_s||K_s|\,|\mathrm{d}\langle M, N\rangle|_s \leqslant \left(\int_0^t H_s^2\,\mathrm{d}\langle M, M\rangle_s\right)^{1/2}\left(\int_0^t K_s^2\,\mathrm{d}\langle N, N\rangle_s\right)^{1/2}. \qquad\blacksquare$$

利用命题 4.3.1 及赫尔德不等式即可得以下的**渡边不等式**.

命题 4.3.2 对于 $p \geqslant 1, \dfrac{1}{p} + \dfrac{1}{q} = 1$, H, K, M, N 满足命题 4.3.1 的条件, 有

$$E\left[\int_0^\infty |H_s||K_s|\,|\mathrm{d}\langle M, N\rangle|_s\right]$$

$$\leqslant \left\|\left(\int_0^\infty H_s^2\,\mathrm{d}\langle M, M\rangle_s\right)^{1/2}\right\|_p\cdot\left\|\left(\int_0^\infty K_s^2\,\mathrm{d}\langle N, N\rangle_s\right)^{1/2}\right\|_q.$$

下面给出一个关键的定理. 根据这个定理, 我们给出了伊藤积分.

定理 4.3.1 令 $M \in \mathcal{H}^2$, 对于 $K \in L^2(M)$, 存在唯一的 $\mathcal{H}_0^2$ 中的元素, 记为 $K\cdot M$, 使得对于任意 $N \in \mathcal{H}^2$,

$$\langle K\cdot M, N\rangle = K\cdot\langle M, N\rangle,$$

且 $K \to K\cdot M$ 是 $L^2(M)$ 到 $\mathcal{H}_0^2$ 的一个线性等距同构.

证明[8]：首先证明唯一性. 记 L, L' 均为 $\mathcal{H}_0^2$ 中满足条件的鞅, 使得 $\langle L, N \rangle = \langle L', N \rangle$, 即 $\langle L - L', N \rangle = 0$. 令 $N = L - L'$, 故 $\langle L - L', L - L' \rangle = 0$, 即 $L = L'$.

下证存在性. 对于任意 $N \in \mathcal{H}_0^2$, 令

$$f(N) = E \left[\int_0^\infty K_s \, \mathrm{d} \langle M, N \rangle_s \right].$$

若 $N_1 \in \mathcal{H}_0^2$, $N_2 \in \mathcal{H}_0^2$, 则

$$f(N_1 + N_2) = E \left[\int_0^\infty K_s \, \mathrm{d} \langle M, N_1 \rangle_s \right] + E \left[\int_0^\infty K_s \, \mathrm{d} \langle M, N_2 \rangle_s \right]$$
$$= f(N_1) + f(N_2).$$

易得 f 是 $\mathcal{H}_0^2$ 上的线性泛函. 进一步, 若 $N \in \mathcal{H}_0^2$, 则

$$\|N\|_{\mathcal{H}^2} = (E[N_\infty^2])^{1/2} = (E[\langle N, N \rangle_\infty])^{1/2},$$
$$\|K\|_M = \left(E \left[\int_0^\infty K_s^2 \, \mathrm{d} \langle M, M \rangle_s \right] \right)^{1/2}.$$

由渡边不等式,

$$E \left[\int_0^\infty K_s \, \mathrm{d} \langle M, N \rangle_s \right] \leqslant \left\| \left(\int_0^\infty K_s^2 \, \mathrm{d} \langle M, M \rangle_s \right)^{1/2} \right\|_2 \cdot \left\| \left(\int_0^\infty 1 \, \mathrm{d} \langle N, N \rangle_s \right)^{1/2} \right\|_2$$
$$= \left(E \left[\int_0^\infty K_s^2 \, \mathrm{d} \langle M, M \rangle_s \right] \right)^{1/2} \cdot (E[\langle N, N \rangle_\infty])^{1/2}$$
$$= \|K\|_M \cdot \|N\|_{\mathcal{H}^2}.$$

故 $f(N)$ 是 $\mathcal{H}_0^2$ 上的连续线性泛函. 由里斯表示定理, 存在唯一元素 $K \cdot M \in \mathcal{H}_0^2$, 使得

$$E \left[\int_0^\infty K_s \, \mathrm{d} \langle M, N \rangle_s \right] = E[K \cdot M_\infty N_\infty].$$

因为 $K \cdot M$ 是 $\mathcal{H}_0^2$ 中的元素, 所以 $K \cdot M$ 一定是一致可积鞅. 对于任意停时 T, $E[(K \cdot M)_\infty \mid \mathcal{F}_T] = (K \cdot M)_T$. 于是

$$E[(K \cdot M)_T N_T] = E[E[(K \cdot M)_\infty \mid \mathcal{F}_T] N_T]$$
$$= E[E[(K \cdot M)_\infty N_T \mid \mathcal{F}_T]]$$
$$= E[(K \cdot M)_\infty N_T] = E[(K \cdot M)_\infty N_\infty^T]$$
$$= E[(K \cdot \langle M, N^T \rangle)_\infty] = E[(K \cdot \langle M, N \rangle^T)_\infty]$$
$$= E[K \cdot \langle M, N \rangle_T].$$

从而 $E[(K \cdot M)_T N_T] = E[K \cdot \langle M, N \rangle_T]$, 即 $(K \cdot M) \cdot N - K \cdot \langle M, N \rangle$ 是鞅, 亦即 $\langle K \cdot M, N \rangle = K \cdot \langle M, N \rangle$. 进一步,

$$\|K \cdot M\|_{\mathcal{H}^2}^2 = E[(K \cdot M)_\infty^2] = E[(K^2 \cdot \langle M, M \rangle_\infty)] = \|K\|_{\mathcal{M}}^2,$$

故 $K \to K \cdot M$ 是 $L^2(M)$ 到 $\mathcal{H}_0^2$ 的一个等距同构. ∎

我们称 $K \cdot M$ 为 K 关于 M 的伊藤积分. $K \cdot M$ 具体是什么形式呢? 接下来对简单过程考虑这个问题. 不妨设

$$K = K\mathbf{1}_{\{0\}} + \sum_{i=0}^{\infty} K_i\mathbf{1}_{(t_i, t_{i+1}]}.$$

这里 $0 = t_0 < t_1 < t_2 < \cdots$, $\lim\limits_{i \to \infty} t_i = \infty$, K_i 关于 $\mathcal{F}_{t_i}$ 可测. 考虑在 §4.2 讨论的过程

$$(\mathcal{J}_M(K))_t = \sum_{i=0}^{n-1} K_i(M_{t_{i+1}} - M_{t_i}) + K_n(M_t - M_{t_n}),$$

这里 $\mathcal{J}_M(K) \in \mathcal{H}_0^2$, $M \in \mathcal{H}^2$. 对任意 $N \in \mathcal{H}_0^2$, 我们来求 $\langle \mathcal{J}_M(K), N \rangle$. 考虑

$$(\mathcal{J}_M(K))_t N_t = \left(\sum_{i=0}^{n-1} K_i(M_{t_{i+1}} - M_{t_i}) \right) N_t + K_n(M_t - M_{t_n})N_t.$$

此时, 若 $t_n < t < t_{n+1}$, 则

$$\int_0^t K_s \, \mathrm{d}\langle M, N \rangle_s$$
$$= \sum_{i=0}^{n-1} K_i(\langle M, N \rangle_{t_{i+1}} - \langle M, N \rangle_{t_i}) + K_n(\langle M, N \rangle_t - \langle M, N \rangle_{t_n}).$$

当 $t_n < s < t < t_{n+1}$ 时,

$$E\left[(\mathcal{J}_M(K))_t N_t - \int_0^t K_u \, \mathrm{d}\langle M, N \rangle_u \,\Big|\, \mathcal{F}_s \right]$$
$$= \sum_{i=0}^{n-1} K_i(M_{t_{i+1}} - M_{t_i})N_s + E[K_n(M_t - M_{t_n})N_t \mid \mathcal{F}_s] -$$
$$\sum_{i=0}^{n-1} K_i(\langle M, N \rangle_{t_{i+1}} - \langle M, N \rangle_{t_i}) -$$
$$E[K_n(\langle M, N \rangle_t - \langle M, N \rangle_{t_n}) \mid \mathcal{F}_s],$$

这里

$$E[K_n(M_t - M_{t_n})N_t \mid \mathcal{F}_s] - E[K_n(\langle M, N \rangle_t - \langle M, N \rangle_{t_n}) \mid \mathcal{F}_s]$$
$$= K_n E[(M_t N_t - \langle M, N \rangle_t) \mid \mathcal{F}_s] - K_n M_{t_n} N_s + K_n \langle M, N \rangle_{t_n}$$
$$= K_n(M_s N_s - \langle M, N \rangle_s) - K_n M_{t_n} N_s + K_n \langle M, N \rangle_{t_n}$$
$$= K_n(M_s - M_{t_n})N_s - K_n(\langle M, N \rangle_s - \langle M, N \rangle_{t_n}).$$

故

$$E\left[(\mathcal{J}_M(K))_t N_t - \int_0^t K_u \,\mathrm{d}\langle M, N\rangle_u \Big| \mathcal{F}_s\right]$$
$$=(\mathcal{J}_M(K))_s N_s - \int_0^s K_u \,\mathrm{d}\langle M, N\rangle_u.$$

当 $t_{n-1} < s < t_n < t < t_{n+1}$ 时,

$$E\left[(\mathcal{J}_M(K))_t N_t - \int_0^t K_u \,\mathrm{d}\langle M, N\rangle_u \Big| \mathcal{F}_s\right]$$
$$=E\left[E\left[(\mathcal{J}_M(K))_t N_t - \int_0^t K_u \,\mathrm{d}\langle M, N\rangle_u \Big| \mathcal{F}_{t_n}\right] \Big| \mathcal{F}_s\right].$$

事实上,

$$E\left[(\mathcal{J}_M(K))_t N_t - \int_0^t K_u \,\mathrm{d}\langle M, N\rangle_u \Big| \mathcal{F}_{t_n}\right]$$
$$=\sum_{i=0}^{n-1} K_i(M_{t_{i+1}} - M_{t_i})N_{t_n} + E[K_n(M_t - M_{t_n})N_t|\mathcal{F}_{t_n}] -$$
$$\sum_{i=0}^{n-1} K_i(\langle M, N\rangle_{t_{i+1}} - \langle M, N\rangle_{t_i}) - E[K_n(\langle M, N\rangle_t - \langle M, N\rangle_{t_n}) \mid \mathcal{F}_{t_n}].$$

由于

$$E[K_n(M_t - M_{t_n})N_t \mid \mathcal{F}_{t_n}] - E[K_n(\langle M, N\rangle_t - \langle M, N\rangle_{t_n}) \mid \mathcal{F}_{t_n}]$$
$$=K_n E[(M_t N_t - \langle M, N\rangle_t) \mid \mathcal{F}_{t_n}] - K_n M_{t_n} N_{t_n} + K_n \langle M, N\rangle_{t_n}$$
$$=K_n(M_{t_n} N_{t_n} - \langle M, N\rangle_{t_n}) - K_n M_{t_n} N_{t_n} + K_n \langle M, N\rangle_{t_n}$$
$$=0,$$

故

$$E\left[(\mathcal{J}_M(K))_t N_t - \int_0^t K_u \,\mathrm{d}\langle M, N\rangle_u \Big| \mathcal{F}_{t_n}\right]$$
$$=(\mathcal{J}_M(K))_{t_n} N_{t_n} - \int_0^{t_n} K_u \,\mathrm{d}\langle M, N\rangle_u.$$

于是

$$E\left[(\mathcal{J}_M(K))_t N_t - \int_0^t K_u \,\mathrm{d}\langle M, N\rangle_u \Big| \mathcal{F}_s\right]$$
$$=E\left[(\mathcal{J}_M(K))_{t_n} N_{t_n} - \int_0^{t_n} K_u \,\mathrm{d}\langle M, N\rangle_u \Big| \mathcal{F}_s\right] \quad \text{(类似上面的讨论可得)}$$
$$=(K \cdot M)_s N_s - \int_0^s K_u \,\mathrm{d}\langle M, N\rangle_u.$$

其他情况类似可得. 因此, 得到 $\langle \mathcal{J}_M(K), N \rangle = K \cdot \langle M, N \rangle$. 故

$$\mathcal{J}_M(K) = K \cdot M.$$

进一步, 可以得到一些关于伊藤积分的性质.

命题 4.3.3 设 $K \in L^2(M)$, $H \in L^2(K \cdot M)$, 则 $H \cdot K \in L^2(M)$, 且

$$(H \cdot K) \cdot M = H \cdot (K \cdot M).$$

证明: 由于

$$\langle (H \cdot K) \cdot M, N \rangle = H \cdot K \cdot \langle M, N \rangle = H \cdot (K \cdot \langle M, N \rangle),$$

同时

$$\langle H \cdot (K \cdot M), N \rangle = H \cdot \langle K \cdot M, N \rangle = H \cdot (K \cdot \langle M, N \rangle),$$

故

$$(H \cdot K) \cdot M = H \cdot (K \cdot M). \qquad \blacksquare$$

命题 4.3.4 设 T 是停时, $K \in L^2(M)$, $H \in L^2(K \cdot M)$, 则

$$K \cdot M^T = K \mathbf{1}_{[0,T]} \cdot M = (K \cdot M)^T.$$

证明: 注意到 $M^T = \mathbf{1}_{[0,T]} \cdot M$, 事实上, 对于 $N \in \mathcal{H}^2$,

$$\langle M^T, N \rangle = \langle M, N \rangle^T = \mathbf{1}_{[0,T]} \cdot \langle M, N \rangle = \langle \mathbf{1}_{[0,T]} \cdot M, N \rangle,$$

于是

$$K \cdot M^T = K \cdot (\mathbf{1}_{[0,T]} \cdot M) = K \mathbf{1}_{[0,T]} \cdot M,$$
$$(K \cdot M)^T = \mathbf{1}_{[0,T]} \cdot (K \cdot M) = \mathbf{1}_{[0,T]} K \cdot M.$$

从而

$$K \cdot M^T = K \mathbf{1}_{[0,T]} \cdot M = (K \cdot M)^T. \qquad \blacksquare$$

上面的命题还是限制在 $\mathcal{H}^2$ 上, 下面进行推广.

定义 4.3.1 设 M 是连续局部鞅, 对于循序可测过程 K, 若存在一列增长到 ∞ 的停时 $(T_n)_{n \geqslant 0}$, 使得 $E\left[\int_0^{T_n} K_s^2 \, \mathrm{d}\langle M, M \rangle_s \right] < \infty$, 则称 $K \in L^2_{\mathrm{loc}}(M)$.

定理 4.3.2 对于 $K \in L^2_{\mathrm{loc}}(M)$, M 是给定的连续局部鞅, 则存在唯一的连续局部鞅, 记为 $K \cdot M$, 使得对任意连续局部鞅 N,

$$\langle K \cdot M, N \rangle = K \cdot \langle M, N \rangle.$$

证明: 由于 M 是连续局部鞅, 存在一列停时 $(T_n)_{n \geqslant 0}$, 使得 $M^{T_n} \in \mathcal{H}^2$, 且 $K^{T_n} \in L^2(M^{T_n})$. 于是, 存在 $X^{(n)} = K^{T_n} \cdot M^{T_n}$, 使得 $X^{(n+1)}$ 在 $[0, T_n]$ 上与 $X^{(n)}$ 重合 (唯一性). 故在 $[0, T_n]$ 上定义 $K \cdot M$ 为 $X^{(n)}$ 即可. ∎

利用上述性质, 当 a, b 是实数时, 可得

$$(aK + bH) \cdot M = aK \cdot M + bH \cdot M.$$

今后, 我们也可以用之前学过的积分符号 $\displaystyle\int_0^t K_s \, \mathrm{d}M_s$ 来表示 $K \cdot M_t$.

若 $t > r > 0$, 定义

$$\int_r^t K_s \, \mathrm{d}M_s = \int_0^t K_s \, \mathrm{d}M_s - \int_0^r K_s \, \mathrm{d}M_s.$$

控制收敛定理在实变函数与测度论中起了十分重要的作用, 类似地, 也有伊藤积分意义下的相关结论.

命题 4.3.5 设 $M = (M_t)_{t \geqslant 0}$ 是 $(\Omega, \mathcal{F}, \{\mathcal{F}_t\}_{t \geqslant 0}, P)$ 上的连续局部鞅, $(H^n)_{n \geqslant 1}$ 和 H 是局部有界的循序可测过程, K 是非负的循序可测过程, 且下列条件成立:

(1) 对于任意 $s \in [0, t]$, $H_s^n \xrightarrow{P} H_s$;

(2) 对于任意 $s \in [0, t]$ 和 n, $|H_s^n| \leqslant K_s$;

(3) $\displaystyle\int_0^t K_s^2 \, \mathrm{d}\langle M, M \rangle_s < \infty$,

则

$$\int_0^t H_s^n \, \mathrm{d}M_s \xrightarrow{P} \int_0^t H_s \, \mathrm{d}M_s.$$

证明: 令 $T_p = \inf \left\{ r : \displaystyle\int_0^r K_s^2 \, \mathrm{d}\langle M, M \rangle_s \geqslant p \right\} \wedge t$. 由于

$$E\left[\left(\int_0^{T_p} H_s^n \, \mathrm{d}M_s - \int_0^{T_p} H_s \, \mathrm{d}M_s \right)^2 \right] = E\left[\int_0^{T_p} (H_s^n - H_s)^2 \, \mathrm{d}\langle M, M \rangle_s \right],$$

类似于控制收敛定理, 可知上式收敛于 0. 又由

$$\lim_{p \to \infty} P(T_p = t) = 1,$$

可知命题结论成立. ∎

感兴趣的读者可以把上述命题的证明细节补齐. 利用上面的命题, 有如下命题.

命题 4.3.6 设 $M = (M_t)_{t \geqslant 0}$ 是 $(\Omega, \mathcal{F}, \{\mathcal{F}_t\}_{t \geqslant 0}, P)$ 上的连续局部鞅, H 为适应的连续过程, 则对任意 $t > 0$, 当

$$0 = t_0^n < t_1^n < \cdots < t_{p_n}^n = t, \quad \lim_{n \to \infty} \max_i |t_i^n - t_{i-1}^n| = 0$$

时,

$$\sum_{i=0}^{p_n - 1} H_{t_i^n} (M_{t_{i+1}^n} - M_{t_i^n}) \xrightarrow{P} \int_0^t H_s \, \mathrm{d}M_s.$$

证明: 对于 $n \geqslant 1$, 令

$$H^n = \begin{cases} H_{t_i^n}, & t_i^n < s \leqslant t_{i+1}^n, \ i \in \{0, 1, \cdots, p_n - 1\}, \\ H_0, & s = 0, \\ 0, & s > t. \end{cases}$$

设 $K_s = \max\limits_{0 \leqslant r \leqslant s} |H_s|$, 由命题 4.3.5, $\int_0^t H_s^n \, \mathrm{d}M_s \xrightarrow{P} \int_0^t H_s \, \mathrm{d}M_s$, 这里注意到 $\int_0^t H_s^n \, \mathrm{d}M_s = \sum\limits_{i=0}^{p_n-1} H_{t_i^n}(M_{t_{i+1}^n} - M_{t_i^n})$ 即可. ∎

下面看几个例子.

例 4.3.1 设 $M = (M_t)_{t \geqslant 0}$ 是 $(\Omega, \mathcal{F}, \{\mathcal{F}_t\}_{t \geqslant 0}, P)$ 上的连续局部鞅, 则对于任意 $t > 0$,

$$\sum_{i=0}^{p_n-1} M_{t_i^n}(M_{t_{i+1}^n} - M_{t_i^n}) \xrightarrow{P} \int_0^t M_s \, \mathrm{d}M_s.$$

注意到

$$\sum_{i=0}^{p_n-1} M_{t_i^n}(M_{t_{i+1}^n} - M_{t_i^n}) + \sum_{i=0}^{p_n-1} (M_{t_{i+1}^n} - M_{t_i^n})^2 = \sum_{i=0}^{p_n-1} M_{t_{i+1}^n}(M_{t_{i+1}^n} - M_{t_i^n}).$$

可得

$$\sum_{i=0}^{p_n-1} M_{t_{i+1}^n}(M_{t_{i+1}^n} - M_{t_i^n}) \xrightarrow{P} \int_0^t M_s \, \mathrm{d}M_s + \langle M, M \rangle_t.$$

而

$$\sum_{i=0}^{p_n-1} M_{t_i^n}(M_{t_{i+1}^n} - M_{t_i^n}) \xrightarrow{P} \int_0^t M_s \, \mathrm{d}M_s,$$

两式相加得

$$\sum_{i=0}^{p_n-1} (M_{t_{i+1}^n}^2 - M_{t_i^n}^2) \xrightarrow{P} 2\int_0^t M_s \, \mathrm{d}M_s + \langle M, M \rangle_t.$$

即 $M_t^2 - M_0^2 = 2\int_0^t M_s \, \mathrm{d}M_s + \langle M, M \rangle_t$. 这是下一章中伊藤公式的基本例子.

例 4.3.2 设 M 是 $(\Omega, \mathcal{F}, \{\mathcal{F}_t\}_{t \geqslant 0}, P)$ 上的连续局部鞅, 求 $\langle M^2, M^2 \rangle$.

解: $M_t^2 = M_0^2 + 2\int_0^t M_s \, \mathrm{d}M_s + \langle M, M \rangle_t$. 不妨设 $M_0 = 0$, 因此

$$\langle M^2, M^2 \rangle_t = \left\langle 2\int_0^t M_s \, \mathrm{d}M_s + \langle M, M \rangle, 2\int_0^t M_s \, \mathrm{d}M_s + \langle M, M \rangle \right\rangle_t$$

$$= 4\int_0^t M_s^2 \, \mathrm{d}\langle M, M \rangle_s. \quad ∎$$

例 4.3.3 设 M 是 $(\Omega, \mathcal{F}, \{\mathcal{F}_t\}_{t \geqslant 0}, P)$ 上的连续局部鞅, 求 M^n $(n \geqslant 2)$.

解:
$$M_t^2 = M_0^2 + 2\int_0^t M_s\,\mathrm{d}M_s + \langle M, M\rangle_t.$$

若 M, N 是连续局部鞅, 则由 $MN = \dfrac{1}{4}\left[(M+N)^2 - (M-N)^2\right]$ 知

$$M_t N_t = M_0 N_0 + \int_0^t M_s\,\mathrm{d}N_s + \int_0^t N_s\,\mathrm{d}M_s + \langle M, N\rangle.$$

下面求 M^3. 由于 M^3 是 M^2 与 M 的乘积, 不妨设 $M_0 = 0$. 事实上,

$$M_t^3 = M_t^2 M_t = \int_0^t M_s^2\,\mathrm{d}M_s + \int_0^t M_s\,\mathrm{d}M_s^2 + \langle M^2, M\rangle.$$

而

$$\int_0^t M_s\,\mathrm{d}M_s^2 = 2\int_0^t M_s^2\,\mathrm{d}M_s + \int_0^t M_s\,\mathrm{d}\langle M, M\rangle_s,$$

$$\langle M^2, M\rangle = 2\int_0^t M_s\,\mathrm{d}\langle M, M\rangle_s,$$

故

$$M_t^3 = 3\int_0^t M_s^2\,\mathrm{d}M_s + 3\int_0^t M_s\,\mathrm{d}\langle M, M\rangle_s.$$

利用数学归纳法, 有

$$M_t^n = M_0^n + n\int_0^t M_s^{n-1}\,\mathrm{d}M_s + \frac{1}{2}n(n-1)\int_0^t M_s^{n-2}\,\mathrm{d}\langle M, M\rangle_s. \qquad \blacksquare$$

例 4.3.4 设 X 是一个连续平方可积鞅且有独立平稳增量[①], $X_0 = 0$, 证明:

$$\langle X, X\rangle_t = E[X_1^2]t.$$

证明: 若 $t > s$, 则

$$
\begin{aligned}
& E[X_t^2 - E[X_1^2]t \mid \mathcal{F}_s] \\
=& E[(X_t - X_s + X_s)^2 - E[X_1^2]t \mid \mathcal{F}_s] \\
=& E[(X_t - X_s)^2 + X_s^2 + 2(X_t - X_s)X_s - E[X_1^2]t \mid \mathcal{F}_s] \\
=& E[(X_t - X_s)^2] + X_s^2 + 2E[(X_t - X_s)X_s \mid \mathcal{F}_s] - E[X_1^2]t.
\end{aligned}
$$

为了证明结论, 需要讨论 $E[X_t^2]$. 设 $f(t) = E[X_t^2]$. 首先考虑

$$E[X_n^2] = E\left[\sum_{i=1}^n (X_i^2 - X_{i-1}^2)\right] = \sum_{i=1}^n E[X_i^2 - X_{i-1}^2].$$

---

① 设随机过程 $X = (X_t)_{t \geqslant 0}$, 若它满足: 对于任意 $t > s > 0, X_t - X_s$ 与 X_r 独立 $(0 \leqslant r \leqslant s)$, 且 $X_t - X_s$ 与 X_{t-s} 同分布, 则称 X 是**独立平稳增量过程**, 也称 X 具有独立平稳增量.

事实上,

$$
\begin{aligned}
E[(X_i - X_{i-1})^2] &= E[E[(X_i - X_{i-1})^2 \mid \mathcal{F}_{i-1}]] \\
&= E[E[(X_i^2 + X_{i-1}^2 - 2X_iX_{i-1}) \mid \mathcal{F}_{i-1}]] \\
&= E[E[X_i^2 - X_{i-1}^2 \mid \mathcal{F}_{i-1}]] \\
&= E[X_i^2 - X_{i-1}^2].
\end{aligned}
$$

故

$$
E[X_n^2] = \sum_{i=1}^{n} E[(X_i - X_{i-1})^2] = nE[X_1^2].
$$

因此, $f(n) = nE[X_1^2]$.

对于任意 $t > 0$, $s > 0$, $f(t+s) = E[X_{t+s}^2]$, $f(s) = E[X_s^2]$. 由于

$$
\begin{aligned}
E[X_{t+s}^2 - X_s^2] &= E[E[(X_{t+s}^2 - X_s^2) \mid \mathcal{F}_s]] \\
&= E[E[(X_{t+s} - X_s)^2 \mid \mathcal{F}_s]] \\
&= E[(X_{t+s} - X_s)^2] \\
&= E[X_t^2] = f(t),
\end{aligned}
$$

故 $f(t+s) = f(t) + f(s)$. 易知 $f(t) = E[X_1^2]t$, 从而

$$
E[(X_t - X_s)^2] = (t - s)E[X_1^2].
$$

于是

$$
E[(X_t^2 - E[X_1^2]t) \mid \mathcal{F}_s] = X_s^2 - E[X_1^2]s.
$$

因此

$$
\langle X, X \rangle_t = E[X_1^2]t. \qquad \blacksquare
$$

上面的例子实际上说明: 对于连续局部鞅 M, 如果能找到一个连续的增过程 A_t, 使得 $(M_t^2 - A_t)_{t \geqslant 0}$ 是局部鞅, 那么 $\langle M, M \rangle = A$. 进一步, 对于连续局部鞅 M, N, 如果能找到一个连续的增过程 A_t, 使得 $(M_t N_t - A_t)_{t \geqslant 0}$ 是局部鞅, 那么 $\langle M, N \rangle = A$. 如果 M, N 中有一个变成连续的适应增过程, 结论将会有很大的变化. 请看下面的例子.

例 4.3.5 设 Z 是 $(\Omega, \mathcal{F}, \{\mathcal{F}_t\}_{t \geqslant 0}, P)$ 上的有界随机变量, A 是从 0 出发的适应的一致有界连续增过程, 证明: $E[ZA_\infty] = E\left[\displaystyle\int_0^\infty E[Z \mid \mathcal{F}_t]\,\mathrm{d}A_t\right]$.

证明[3]: 设 $M_t = E[Z \mid \mathcal{F}_t]$, 易知 $M = (M_t)_{t \geqslant 0}$ 是有界鞅, 有收敛的极限, 且 $M_\infty = Z$, 故 $E[M_\infty A_\infty] = E[ZA_\infty]$. 于是

$$
\int_0^\infty E[Z \mid \mathcal{F}_t]\,\mathrm{d}A_t = \int_0^\infty M_t\,\mathrm{d}A_t.
$$

设 $C_t = \inf\{s : A_s \geqslant t\}$, 显然 $\{C_t \leqslant s\} = \{A_s \geqslant t\}$. 首先令 $H_s(\omega) = \mathbf{1}_{[0,t]}(s)$, 有

$$
\int_0^\infty H_s(\omega)\,\mathrm{d}A_s(\omega) = \int_0^\infty H_{C_s(\omega)}\mathbf{1}_{\{C_s(\omega) < \infty\}}\,\mathrm{d}s.
$$

由单调类定理, 知当 H 是有界可测过程时也成立. 对于任意停时 T,

$$
\begin{aligned}
E[M_T A_T] &= E\left[\int_0^\infty M_T \mathbf{1}_{\{s \leqslant T\}}\, \mathrm{d}A_s\right] & (\diamondsuit\ H_s = M_T \mathbf{1}_{\{s \leqslant T\}}) \\
&= E\left[\int_0^\infty M_T \mathbf{1}_{\{C_s < \infty\}} \mathbf{1}_{\{C_s \leqslant T\}}\, \mathrm{d}s\right] \\
&= \int_0^\infty E[M_T \mathbf{1}_{\{C_s < \infty\}} \mathbf{1}_{\{C_s \leqslant T\}}]\,\mathrm{d}s \\
&= \int_0^\infty E[M_{C_s} \mathbf{1}_{\{C_s < \infty\}} \mathbf{1}_{\{C_s \leqslant T\}}]\, \mathrm{d}s \\
&= E\left[\int_0^\infty M_{C_s} \mathbf{1}_{\{C_s < \infty\}} \mathbf{1}_{\{C_s \leqslant T\}}\, \mathrm{d}s\right] \\
&= E\left[\int_0^\infty M_s \mathbf{1}_{\{s \leqslant T\}}\, \mathrm{d}A_s\right] & (\diamondsuit\ H_s = M_s \mathbf{1}_{\{s \leqslant T\}}) \\
&= E\left[\int_0^T M_s\, \mathrm{d}A_s\right].
\end{aligned}
$$

从而, $E[M_T A_T] = E\left[\displaystyle\int_0^T M_s\, \mathrm{d}A_s\right]$ 对任意停时 T 都成立. 故 $\left(A_t M_t - \displaystyle\int_0^t M_s\, \mathrm{d}A_s\right)_{t \geqslant 0}$ 是鞅. 因此

$$
E\left[A_t M_t - \int_0^t M_s\, \mathrm{d}A_s\right] = E\left[A_0 M_0 - \int_0^0 M_s\, \mathrm{d}A_s\right] = 0.
$$

由 Z 与 A 的有界性, 可知结论成立. ∎

习　题　4

1. 设 $M = (M_t)_{t \geqslant 0}$ 是带流概率空间 $(\Omega, \mathcal{F}, \{\mathcal{F}_t\}_{t \geqslant 0}, P)$ 上的平方可积鞅, 证明: 对于 $s < t$, $E[(M_t - M_s)^2] = E[M_t^2 - M_s^2]$.

2. 设 X 满足

$$
\mathrm{d}X_t = 0.5 X_t \mathrm{d}t + 3 X_t \mathrm{d}B_t,
$$

这里 $B = (B_t)_{t \geqslant 0}$ 是标准布朗运动. 若 $X_0 = \dfrac{1}{2}$, 求 $P(X_2 < 2)$.

3. 设 $B = (B_t)_{t \geqslant 0}$ 是带流概率空间 $(\Omega, \mathcal{F}, \{\mathcal{F}_t\}_{t \geqslant 0}, P)$ 上的标准布朗运动, $H(x) = \mathbf{1}_{\{x > 0\}} - \mathbf{1}_{\{x < 0\}}$, 求 $\displaystyle\int_0^1 H(B_s) \mathrm{d}B_s$ 的分布.

4. 设 $B = (B_t)_{t \geqslant 0}$ 是带流概率空间 $(\Omega, \mathcal{F}, \{\mathcal{F}_t\}_{t \geqslant 0}, P)$ 上的标准布朗运动, $M_t = \displaystyle\int_0^t \mathrm{e}^{B_s} \mathrm{d}B_s$, 求 $E[M_1 M_2]$.

5. 设 $B = (B_t)_{t \geqslant 0}$ 是 $(\Omega, \mathcal{F}, \{\mathcal{F}_t\}_{t \geqslant 0}, P)$ 上的标准布朗运动. 定义 $(A_t)_{t \geqslant 0}$ 如下: 当 $0 \leqslant t \leqslant 1$ 时, $A_t = 1$; 当 $t > 1$ 时, $A_t = \begin{cases} 1, & B_1 > 0, \\ B_1, & B_1 < 0. \end{cases}$ 令 $Z_t = \displaystyle\int_0^t A_s \mathrm{d}B_s$.

(1) 求 $E[Z_3]$, $E[Z_3^2]$;

(2) 求 $\langle Z, Z \rangle_3$, $E[(Z_3 - Z_1)^2 \mid \mathcal{F}_1]$.

部分习题参考答案

第 5 章　伊藤公式及其应用

本章将介绍伊藤公式及其应用.

§5.1　伊　藤　公　式

我们在前面的讨论中已经知道, 若 $B = (B_t)_{t \geqslant 0}$ 是 $(\Omega, \mathcal{F}, \{\mathcal{F}_t\}_{t \geqslant 0}, P)$ 上的标准布朗运动, 则 B 是 $(\Omega, \mathcal{F}, \{\mathcal{F}_t\}_{t \geqslant 0}, P)$ 上的鞅. 现在考虑 B^2, 我们知道, B^2 已经不是鞅了, $(B_t^2 - t)_{t \geqslant 0}$ 是鞅. 从前面的讨论, 我们也知道, 对于 B^3, $\left(B_t^3 - 3 \int_0^t B_s \, \mathrm{d}s = 3 \int_0^t B_s^2 \, \mathrm{d}B_s \right)_{t \geqslant 0}$ 是局部鞅. 如果考虑 $\sin B$, $\cos B$, 会有什么结论? 伊藤公式将告诉我们答案.

伊藤公式是随机分析中十分重要的内容. 我们首先给出伊藤公式及其证明.

定理 5.1.1　设 $X^1, X^2, \cdots, X^p$ 是 $(\Omega, \mathcal{F}, \{\mathcal{F}_t\}_{t \geqslant 0}, P)$ 上 p 个连续半鞅, F 是 $\mathbb{R}^p$ 上的二阶连续可微函数, 则对任意 $t \geqslant 0$,

$$F(X_t^1, X_t^2, \cdots, X_t^p) = F(X_0^1, X_0^2, \cdots, X_0^p) +$$
$$\sum_{i=1}^p \int_0^t \frac{\partial F}{\partial x^i}(X_s^1, X_s^2, \cdots, X_s^p) \, \mathrm{d}X_s^i +$$
$$\frac{1}{2} \sum_{i,j=1}^p \int_0^t \frac{\partial^2 F}{\partial x^i \partial x^j}(X_s^1, X_s^2, \cdots, X_s^p) \, \mathrm{d}\langle X^i, X^j \rangle_s.$$

证明[6]：首先考虑 $p = 1$ 的情形. 为简单起见, 记 $X = X^1$. 令 $t > 0$, 设 $0 = t_0^n < t_1^n < \cdots < t_{p_n}^n = t$, 且当 $n \to \infty$ 时, 假设 $\max\limits_{1 \leqslant i \leqslant p_n} |t_i^n - t_{i-1}^n| \to 0$, 注意到

$$F(X_t) = F(X_0) + \sum_{i=0}^{p_n - 1} (F(X_{t_{i+1}^n}) - F(X_{t_i^n})).$$

由泰勒公式,

$$F(X_{t_{i+1}^n}) - F(X_{t_i^n})$$
$$= F'(X_{t_i^n})(X_{t_{i+1}^n} - X_{t_i^n}) + \frac{1}{2} F''(X_{t_i^n} + c(X_{t_{i+1}^n} - X_{t_i^n}))(X_{t_{i+1}^n} - X_{t_i^n})^2,$$

$c \in [0, 1]$. 由命题 4.3.6,

$$\sum_{i=0}^{p_n - 1} F'(X_{t_i^n})(X_{t_{i+1}^n} - X_{t_i^n}) \overset{P}{\longrightarrow} \int_0^t F'(X_s) \, \mathrm{d}X_s.$$

设 $f_{n,i} = F''(X_{t_i^n} + c(X_{t_{i+1}^n} - X_{t_i^n}))$, 有

$$\max_{0 \leqslant i \leqslant p_n-1} |f_{n,i} - F''(X_{t_i^n})|$$

$$\leqslant \sup_{0 \leqslant i \leqslant p_n-1} \left(\sup_{x \in [X_{t_i^n} \wedge X_{t_{i+1}^n}, X_{t_i^n} \vee X_{t_{i+1}^n}]} |F''(x) - F''(X_{t_i^n})| \right).$$

由于 F'' 在一个闭区间上一致连续, 且 $\sum_{i=0}^{p_n-1} (X_{t_{i+1}^n} - X_{t_i^n})^2 \overset{P}{\longrightarrow} \langle X, X \rangle_t$, 故

$$\left| \sum_{i=0}^{p_n-1} f_{n,i}(X_{t_{i+1}^n} - X_{t_i^n})^2 - \sum_{i=0}^{p_n-1} F''(X_{t_i^n})(X_{t_{i+1}^n} - X_{t_i^n})^2 \right| \overset{P}{\longrightarrow} 0.$$

令

$$\mu_n(\mathrm{d}r) = \sum_{i=0}^{p_n-1} (X_{t_{i+1}^n} - X_{t_i^n})^2 \delta_{t_i^n}(\mathrm{d}r),$$

其中 δ_{t_i} 是一个测度, 对于任意的博雷尔集 A, 当 $t_i \in A$ 时, $\delta_{t_i}(A) = 1$; 当 $t_i \notin A$ 时, $\delta_{t_i}(A) = 0$.

由于 $\mu_n([0,r)) \overset{P}{\longrightarrow} \langle X, X \rangle_r$, 故存在子列 $\{n_k\}$, 使得 $\mu_{n_k}([0,r]) \overset{\text{a.s.}}{\longrightarrow} \langle X, X \rangle_r$.

若令 $\mu(\mathrm{d}r) = \mathbf{1}_{[0,t]}(r)\,\mathrm{d}\langle X, X \rangle_r$, 对于固定的 ω, 事实上会有 $\mu_{n_k}(\mathrm{d}r)$ 依分布收敛于 $\mu(\mathrm{d}r)$. 于是, 对于任意有界连续函数 f, $\int_{[0,t]} f(r)\mu_{n_k}(\mathrm{d}r) \to \int_{[0,t]} f(r)\mu(\mathrm{d}r)$, 便有

$$\int_{[0,t]} F''(X_s)\mu_{n_k}(\mathrm{d}s) \overset{\text{a.s.}}{\longrightarrow} \int_{[0,t]} F''(X_s)\mu(\mathrm{d}s).$$

故

$$\int_{[0,t]} F''(X_s)\mu_n(\mathrm{d}s) \overset{P}{\longrightarrow} \int_{[0,t]} F''(X_s)\mu(\mathrm{d}s).$$

即

$$\sum_{i=0}^{p_n-1} f_{n,i}(X_{t_{i+1}^n} - X_{t_i^n})^2 \overset{P}{\longrightarrow} \int_0^t F''(X_s)\,\mathrm{d}\langle X, X \rangle_s.$$

于是

$$F(X_t) = F(X_0) + \int_0^t F'(X_s)\,\mathrm{d}X_s + \frac{1}{2}\int_0^t F''(X_s)\,\mathrm{d}\langle X, X \rangle_s.$$

下面考虑 $p-$ 维情形. 注意到

$$F(X_{t_{i+1}^n}^1, X_{t_{i+1}^n}^2, \cdots, X_{t_{i+1}^n}^p) - F(X_{t_i^n}^1, X_{t_i^n}^2, \cdots, X_{t_i^n}^p)$$

$$= \sum_{k=1}^p \frac{\partial F}{\partial x^k}(X_{t_i^n}^1, X_{t_i^n}^2, \cdots, X_{t_i^n}^p)(X_{t_{i+1}^n}^k - X_{t_i^n}^k) + \sum_{k,l=1}^p \frac{f_{n,i}^{k,l}}{2}(X_{t_{i+1}^n}^k - X_{t_i^n}^k)(X_{t_{i+1}^n}^l - X_{t_i^n}^l),$$

这里

$$f_{n,i}^{k,l} = \frac{\partial^2 F}{\partial x_k \partial x_l}[X_{t_i^n} + c(X_{t_{i+1}^n} - X_{t_i^n})], \ c \in [0,1], \ X_t = (X_t^1, X_t^2, \cdots, X_t^p).$$

类似上面的证明, 即可得结论. ∎

下面我们给出一些关于伊藤公式的应用, 为叙述方便, 记 C^2 函数是二阶连续可微函数.

作为简单应用, 可以得到, 若 f 是 $\mathbb{R}$ 上的 C^2 函数, B 是标准布朗运动, 则

$$f(B_t) = f(B_0) + \int_0^t f'(B_s)\, \mathrm{d}B_s + \frac{1}{2}\int_0^t f''(B_s)\, \mathrm{d}s.$$

若 f 是 $\mathbb{R}^2$ 上的 C^2 函数, B 是标准布朗运动, 则

$$\begin{aligned}
&f(t, B_t) \\
=&f(0, B_0) + \int_0^t \partial_x f(s, B_s)\, \mathrm{d}B_s + \int_0^t \partial_s f(s, B_s)\, \mathrm{d}s + \frac{1}{2}\int_0^t \partial_{xx} f(s, B_s)\, \mathrm{d}s.
\end{aligned}$$

下面针对标准布朗运动 B 简单举例.

例 5.1.1 设 $B = (B_t)_{t \geqslant 0}$ 是 $(\Omega, \mathcal{F}, \{\mathcal{F}_t\}_{t \geqslant 0}, P)$ 上的标准布朗运动, 利用伊藤公式计算 $\int_0^t s\, \mathrm{d}B_s$.

解: 令 $f(t, B_t) = tB_t$. 注意到 $\partial_t f(t, B_t) = B_t$, $\partial_x f(t, B_t) = t$, $\partial_{xx} f(t, B_t) = 0$, 故

$$tB_t = \int_0^t B_s\, \mathrm{d}s + \int_0^t s\, \mathrm{d}B_s.$$

于是

$$\int_0^t s\, \mathrm{d}B_s = tB_t - \int_0^t B_s\, \mathrm{d}s. \qquad \blacksquare$$

例 5.1.2 设 $B = (B_t)_{t \geqslant 0}$ 是 $(\Omega, \mathcal{F}, \{\mathcal{F}_t\}_{t \geqslant 0}, P)$ 上的标准布朗运动, 利用伊藤公式计算 $\mathrm{e}^{\sigma B_t}$, 这里 $\sigma > 0$.

事实上, 令 $f(x) = \mathrm{e}^{\sigma x}$, 经简单计算可以得到

$$\mathrm{e}^{\sigma B_t} = \mathrm{e}^{\sigma B_0} + \int_0^t \sigma \mathrm{e}^{\sigma B_s}\, \mathrm{d}B_s + \frac{1}{2}\int_0^t \sigma^2 \mathrm{e}^{\sigma B_s}\, \mathrm{d}s.$$

若借用方程形式, 令 $X_t = \mathrm{e}^{\sigma B_t}$, 可以用

$$\mathrm{d}X_t = \sigma X_t\, \mathrm{d}B_t + \frac{\sigma^2}{2} X_t\, \mathrm{d}t$$

表示 X. 这里要注意 $\mathrm{d}B_t$ 与 $\mathrm{d}t$ 的意义是不一样的.

进一步, 如果考虑 $\mathrm{e}^{at + bB_t}$, 令 $f(t, x) = \mathrm{e}^{at + bx}$, 由伊藤公式,

$$\mathrm{e}^{at + bB_t} = 1 + \int_0^t a\mathrm{e}^{as + bB_s}\, \mathrm{d}s + \int_0^t b\mathrm{e}^{as + bB_s}\, \mathrm{d}B_s + \frac{1}{2}\int_0^t b^2 \mathrm{e}^{as + bB_s}\, \mathrm{d}s.$$

令 $X_t = \mathrm{e}^{at+bB_t}$, 可以用

$$\mathrm{d}X_t = \left(a + \frac{b^2}{2} \right) X \,\mathrm{d}t + bX_t \,\mathrm{d}B_t$$

表示 X_t.

反过来, 注意到一个半鞅 X, 若满足 $\mathrm{d}X_t = mX_t \,\mathrm{d}t + \sigma X_t \,\mathrm{d}B_t$, 则

$$X_t = X_0 \exp \left\{ \left(m - \frac{\sigma^2}{2} \right) t + \sigma B_t \right\}.$$

我们往往称 $X = (X_t)_{t \geqslant 0}$ 是**几何布朗运动**.

例 5.1.3 设 $B = (B_t)_{t \geqslant 0}$ 是 $(\Omega, \mathcal{F}, \{\mathcal{F}_t\}_{t \geqslant 0}, P)$ 上的标准布朗运动. 令 $X_t = \mathrm{e}^{\frac{1}{2}t} \sin B_t$, $Y_t = \mathrm{e}^{\frac{1}{2}t} \cos B_t$, 利用伊藤公式计算 $E[X_t]$, $E[Y_t]$.

解: 由伊藤公式, 令 $f(t, x) = \mathrm{e}^{\frac{1}{2}t} \sin x$, 则

$$
\begin{aligned}
X_t &= f(t, B_t) \\
&= f(0, B_0) + \int_0^t \frac{1}{2} \mathrm{e}^{\frac{1}{2}s} \sin B_s \,\mathrm{d}s + \int_0^t \mathrm{e}^{\frac{1}{2}s} \cos B_s \,\mathrm{d}B_s - \int_0^t \frac{1}{2} \mathrm{e}^{\frac{1}{2}s} \sin B_s \,\mathrm{d}s \\
&= \int_0^t \mathrm{e}^{\frac{1}{2}s} \cos B_s \,\mathrm{d}B_s.
\end{aligned}
$$

利用命题 4.2.6, 由于 $E\left[\int_0^t \mathrm{e}^s \cos^2 B_s \mathrm{d}s \right] < \infty$, 故 $X = (X_t)_{t \geqslant 0}$ 是鞅. 从而 $E[X_t] = 0$.

令 $g(t, x) = \mathrm{e}^{\frac{1}{2}t} \cos x$, 则

$$
\begin{aligned}
Y_t &= g(t, B_t) \\
&= g(0, B_0) + \frac{1}{2} \int_0^t \mathrm{e}^{\frac{1}{2}s} \cos B_s \,\mathrm{d}s - \int_0^t \mathrm{e}^{\frac{1}{2}s} \sin B_s \,\mathrm{d}B_s - \frac{1}{2} \int_0^t \mathrm{e}^{\frac{1}{2}s} \cos B_s \,\mathrm{d}s \\
&= 1 - \int_0^t \mathrm{e}^{\frac{1}{2}s} \sin B_s \,\mathrm{d}B_s.
\end{aligned}
$$

同上讨论, $\left(\int_0^t \mathrm{e}^{\frac{1}{2}s} \sin B_s \mathrm{d}B_s \right)_{t \geqslant 0}$ 是鞅, 从而 $E[Y_t] = 1$. ∎

对于马尔可夫过程, 可参考下面的例子.

例 5.1.4 设 $X = (X_t)_{t \geqslant 0}$ 满足如下关系:

$$\mathrm{d}X_t = \frac{a}{X_t} \,\mathrm{d}t + \mathrm{d}B_t, \quad X_0 = x_0 \geqslant 0, \ a > 0.$$

令 $T = \inf\{t : X_t = 0\}$, 考虑何种条件下 $P(T = \infty) = 1$.

解: 设 $0 < r < x < R < \infty$, 令 $\tau = \inf\{t : X_t = r \text{ 或 } X_t = R\}$, $\phi(x) = P(X_\tau = R \mid X_0 = x)$, 则 $\phi(r) = 0$, $\phi(R) = 1$.

令 $J = \mathbf{1}_{\{X_\tau = R\}}$, $M_t = E[J \mid \mathcal{F}_t]$, 则 $M = (M_t)_{t \geqslant 0}$ 是鞅. 由于 X 是马尔可夫过程, 故

$$E[J \mid \mathcal{F}_t] = E[J \mid X_{t \wedge \tau}] = \phi(X_{t \wedge \tau}).$$

假设 ϕ 是二阶连续可微的. 由伊藤公式,

$$\phi(X_{t\wedge\tau}) = \phi(X_0) + \int_0^{t\wedge\tau} \phi'(X_s)\,\mathrm{d}X_s + \frac{1}{2}\int_0^{t\wedge\tau}\phi''(X_s)\,\mathrm{d}\langle X,X\rangle_s$$

$$= \phi(X_0) + \int_0^{t\wedge\tau}\phi'(X_s)\,\mathrm{d}B_s + \int_0^{t\wedge\tau}\frac{a\phi'(X_s)}{X_s} + \frac{1}{2}\phi''(X_s)\,\mathrm{d}s.$$

由于 $\phi(X_{t\wedge\tau})$ 是鞅, 故

$$x\phi''(x) + 2a\phi'(x) = 0.$$

由于 $\phi(r) = 0$, $\phi(R) = 1$, 故当 $a \neq \frac{1}{2}$ 时,

$$\phi(x) = \frac{x^{1-2a} - r^{1-2a}}{R^{1-2a} - r^{1-2a}}.$$

当 $a = \frac{1}{2}$ 时,

$$\phi(x) = \frac{\log x - \log r}{\log R - \log r}.$$

从而当 $a \geqslant \frac{1}{2}$ 时, $\lim_{r\to 0}\phi(x) = 1$, 即 $X = (X_t)_{t\geqslant 0}$ 先到达 R 处. 因此到达 0 的概率为 0, 即 $P(T = \infty) = 1$.

当 $a < \frac{1}{2}$ 时,

$$\lim_{r\to 0}\phi(x) = \left(\frac{x}{R}\right)^{1-2a}.$$

若 $T < \infty$, 必有 $R = \infty$, 于是

$$P(T < \infty) = \lim_{R\to\infty} 1 - \left(\frac{x}{R}\right)^{1-2a} = 1.$$

总结: 当 $a \geqslant \frac{1}{2}$ 时, $P(T = \infty) = 1$; 当 $a < \frac{1}{2}$ 时, $P(T < \infty) = 1$. ∎

§5.2 随机指数与鞅表示定理

前面我们已经讨论了连续局部鞅的一些性质, 知道连续的伊藤积分是一个局部鞅. 我们或许会有一个疑问: 设 $M = (M_t)_{t\geqslant 0}$ 是 $(\Omega, \mathcal{F}, \{\mathcal{F}_t\}_{t\geqslant 0}, P)$ 上的连续局部鞅, $B = (B_t)_{t\geqslant 0}$ 是标准布朗运动, 在什么条件下, 会存在一个循序可测过程 K, 使得

$$M_t = \int_0^t K_s\,\mathrm{d}B_s?$$

事实上, 鞅表示定理即可部分回答这一问题. 这一节就鞅表示定理展开讨论, 我们首先介绍随机指数. 随机指数在鞅表示定理及测度变换的讨论中起了关键作用.

令 $M = (M_t)_{t \geqslant 0}$ 是 $(\Omega, \mathcal{F}, \{\mathcal{F}_t\}_{t \geqslant 0}, P)$ 上的连续局部鞅. 考虑 $X_t = \exp\left\{M_t - \frac{1}{2}\langle M, M\rangle_t\right\}$ (不妨假设 $X_0 = 1$, $M_0 = 0$), 令 $f(x, y) = \mathrm{e}^{x-y}$, 由伊藤公式,

$$f\left(M_t, \frac{1}{2}\langle M, M\rangle_t\right) = f(0,0) + \int_0^t \mathrm{e}^{M_s - \frac{1}{2}\langle M, M\rangle_s}\,\mathrm{d}M_s -$$
$$\frac{1}{2}\int_0^t \mathrm{e}^{M_s - \frac{1}{2}\langle M, M\rangle_s}\,\mathrm{d}\langle M, M\rangle_s +$$
$$\frac{1}{2}\int_0^t \mathrm{e}^{M_s - \frac{1}{2}\langle M, M\rangle_s}\,\mathrm{d}\langle M, M\rangle_s,$$

故 $X_t = 1 + \int_0^t X_s\,\mathrm{d}M_s$, 可写为

$$\mathrm{d}X_t = X_t\,\mathrm{d}M_t.$$

这与勒贝格 – 斯蒂尔切斯积分有很大的不同. 事实上, 若令 $A = (A_t)_{t \geqslant 0}$ 是一个连续的有限变差过程, 考虑 $\mathrm{d}X_t = X_t\,\mathrm{d}A_t$, 则会有 $X_t = X_0 \mathrm{e}^{A_t}$.

通过随机指数可以解决很多问题. 首先, 回顾之前关于布朗运动刻画的结果, 我们发现可以通过布朗运动的随机指数得到更直接的结论.

定理 5.2.1 设 $B = (B_t)_{t \geqslant 0}$ 是 $(\Omega, \mathcal{F}, \{\mathcal{F}_t\}_{t \geqslant 0}, P)$ 上的适应过程, 则下列论述等价:

(1) B 是标准布朗运动;

(2) B 是连续鞅, 且 $(B_t^2 - t)_{t \geqslant 0}$ 是鞅.

证明: 我们只需要证明 (2)⇒(1).

若 B 是连续鞅, 且 $(B_t^2 - t)_{t \geqslant 0}$ 是鞅. 考虑

$$M_t = \mathrm{i}\xi B_t, \quad \langle M, M\rangle_t = \xi^2 t.$$

由上面的讨论, 即有

$$\exp\left\{\mathrm{i}\xi B_t + \frac{1}{2}\xi^2 t\right\} = 1 + \int_0^t \exp\left\{\mathrm{i}\xi B_s + \frac{1}{2}\xi^2 s\right\}\,\mathrm{d}(\mathrm{i}\xi B_s),$$

分别考虑实部与虚部, 即可得到 $\exp\left\{\mathrm{i}\xi B_t + \frac{1}{2}\xi^2 t\right\}$ 是鞅. 由定理 3.2.9 可知, B 是标准布朗运动当且仅当 B 是连续鞅, 且 $\exp\left\{\mathrm{i}\xi B_t + \frac{1}{2}\xi^2 t\right\}$ 是鞅. 因此, B 是标准布朗运动. ∎

我们考虑下面这个例子.

例 5.2.1 设 B 与 B' 都是 $(\Omega, \mathcal{F}, \{\mathcal{F}_t\}_{t \geqslant 0}, P)$ 上的标准布朗运动, 且 B 与 B' 独立, 证明: $\langle B, B'\rangle_t = 0$.

证明: 考虑 $X_t = \frac{1}{\sqrt{2}}(B_t + B_t')$. 由于 B 与 B' 独立, 可知 $X = (X_t)_{t \geqslant 0}$ 是一个起

点为 0, 轨道连续的中心化高斯过程. 对于 s, t,

$$
\begin{aligned}
\mathrm{Cov}(X_s, X_t) &= \mathrm{Cov}\left(\frac{1}{\sqrt{2}}(B_s + B_s'), \frac{1}{\sqrt{2}}(B_t + B_t')\right) \\
&= \frac{1}{2}\mathrm{Cov}(B_s + B_s', B_t + B_t') \\
&= \frac{1}{2}\mathrm{Cov}(B_s, B_t) + \frac{1}{2}\mathrm{Cov}(B_s', B_t'),
\end{aligned}
$$

故 $X = (X_t)$ 是标准布朗运动. 于是 $\langle X, X \rangle_t = t$, 即

$$
\frac{1}{2}\langle B + B', B + B' \rangle = t,
$$

得到 $\langle B, B' \rangle_t = 0$. ■

下面利用随机指数讨论鞅表示定理.

设

$$
f = \sum_{j=1}^{n} \lambda_j \mathbf{1}_{(t_{j-1}, t_j]}, \ \lambda_j \in \mathbb{R}, \ 0 = t_0 < t_1 < \cdots < t_n < \cdots,
$$

这里 f 是 $[0, \infty)$ 上具有紧支撑的函数, 记所有具备这种形式的函数全体为 Γ, $\mathcal{E}_t^f = \exp\left\{\int_0^t f_s \, \mathrm{d}B_s - \frac{1}{2}\int_0^t f_s^2 \, \mathrm{d}s\right\}$.

首先我们给出一个命题.

命题 5.2.1　$\{\mathcal{E}_\infty^f : f \in \Gamma\}$ 张成的线性空间在 $L^2(\Omega, \mathcal{F}_\infty, P)$ 中稠密, 这里 $\mathcal{F}_\infty = \sigma(B_t : 0 \leqslant t < \infty)$.

证明[6]: 我们只需证明: 对于非负随机变量 $Y \in L^2(\Omega, \mathcal{F}_\infty, P)$, 若 Y 与任意的 $\mathcal{E}_\infty^f$, $f \in \Gamma$ 正交, 则通过 $\int_A Y \, \mathrm{d}P = \mu(A)$ 定义的测度 μ 是零测度.

由 Γ 中函数的形式, 事实上只需证明对于任意给定的 $(t_1, t_2, \cdots, t_n)$, $\mu(\cdot)$ 在 $\sigma(B_{t_1}, B_{t_2}, \cdots, B_{t_n})$ 上是零测度. 考虑

$$
\widetilde{\mu}(F) = E[Y \mathbf{1}_F(B_{t_1}, B_{t_2} - B_{t_1}, \cdots, B_{t_n} - B_{t_n - 1})].
$$

若 $\widetilde{\mu}(\cdot)$ 为零测度, 则必有 $\mu(\cdot)$ 是零测度. 因此, 只需证明 $\widetilde{\mu}(\cdot)$ 为零测度.

对于复数 z_i, $1 \leqslant i \leqslant n$, 记

$$
\varphi(z_1, z_2, \cdots, z_n) = E\left[\exp\left\{\sum_{j=1}^{n} z_j (B_{t_j} - B_{t_{j-1}})\right\} Y\right],
$$

这里 $\varphi(z_1, z_2, \cdots, z_n)$ 是复平面上的解析函数. 由于 Y 与任意的 $\mathcal{E}_\infty^f$, $f \in \Gamma$ 正交, 故对于任意的 $\lambda_i \in \mathbb{R}$, 记 $\varXi = \sum_{i=1}^{n} \lambda_i^2(t_i - t_{i-1})$, 有

$$
\exp\left\{\frac{1}{2}\varXi\right\} E\left[\exp\left\{\mathrm{i}\sum_{j=1}^{n} \lambda_j (B_{t_j} - B_{t_{j-1}})\right\} \cdot Y\right] = 0.
$$

即

$$\varphi(\mathrm{i}\lambda_1, \mathrm{i}\lambda_2, \cdots, \mathrm{i}\lambda_n) = 0.$$

说明 $\tilde{\mu}(\cdot)$ 的傅里叶变换为 0, 故 $\tilde{\mu}(\cdot)$ 为零测度. 得证. ∎

进一步, 有如下命题.

命题 5.2.2 对于 $F \in L^2(\Omega, \mathcal{F}_\infty, P)$, $\mathcal{F}_\infty = \sigma(B_t : 0 \leqslant t < \infty)$, 则存在唯一的循序可测过程 h, $E\left[\int_0^\infty h_s^2 \, \mathrm{d}s\right] < \infty$, 使得

$$F = E[F] + \int_0^\infty h_s \, \mathrm{d}B_s.$$

证明[8]：首先证明唯一性. 若存在两个这样的过程: h_s', h_s'', 使得

$$F = E[F] + \int_0^\infty h_s' \, \mathrm{d}B_s = E(F) + \int_0^\infty h_s'' \, \mathrm{d}B_s,$$

则

$$E\left[\int_0^\infty (h_s' - h_s'')^2 \, \mathrm{d}s\right] = E\left[\left(\int_0^\infty h_s' \, \mathrm{d}B_s - \int_0^\infty h_s'' \, \mathrm{d}B_s\right)^2\right] = 0.$$

唯一性得证.

设满足命题结论的随机变量全体为 $\mathcal{H}$, $\{F^n\}$ 是 $\mathcal{H}$ 中一个 L^2 意义下的柯西列, 记

$$F^n = E(F^n) + \int_0^\infty h_s^n \, \mathrm{d}B_s.$$

由于 $E[(F^n - F^m)^2] \to 0$, 故 $E\left[\int_0^\infty (h_s^n - h_s^m)^2 \, \mathrm{d}s\right] \to 0$. 由 $L^2(B)$ (使得 $E\left[\int_0^\infty h_s^2 \, \mathrm{d}s\right] < \infty$ 成立的 h 全体) 的性质, 存在 h, 使得 $\{h^n\}$ 在 L^2 意义下收敛于 h. 由 $L^2(\Omega, \mathcal{F}_\infty, P)$ 的完备性可知, $\{F^n\}$ 在 L^2 意义下收敛于 F, h^n 在 $L^2(B)$ 意义下收敛于 h, 故

$$F = E[F] + \int_0^\infty h_s \, \mathrm{d}B_s.$$

从而 $\mathcal{H}$ 是 $L^2(\Omega, \mathcal{F}_\infty, P)$ 的闭子空间.

由随机指数性质,

$$\mathcal{E}_\infty^f = 1 + \int_0^\infty \mathcal{E}_s^f f(s) \, \mathrm{d}B_s,$$

即 $\{\mathcal{E}_\infty^f : f \in \Gamma\} \in \mathcal{H}$. 由于 $\{\mathcal{E}_\infty^f : f \in \Gamma\}$ 张成的线性空间在 $L^2(\Omega, \mathcal{F}_\infty, P)$ 中稠密 (即 $L^2(\Omega, \mathcal{F}_\infty, P)$ 中的任何一个元素都可以被来自 $\{\mathcal{E}_\infty^f : f \in \Gamma\}$ 张成的线性空间的序列逼近), 故 $\mathcal{H} = L^2(\Omega, \mathcal{F}_\infty, P)$. ∎

综上, 我们可以得到重要的**鞅表示定理**.

定理 5.2.2 设 $B = (B_t)_{t \geqslant 0}$ 是 $(\Omega, \mathcal{F}, \{\mathcal{F}_t\}_{t \geqslant 0}, P)$ 上的标准布朗运动, $\mathcal{F}_t = \sigma(B_r : 0 \leqslant r \leqslant t)$, 则 $(\Omega, \mathcal{F}, \{\mathcal{F}_t\}_{t \geqslant 0}, P)$ 上的任意局部鞅 M 可写为

$$M_t = C + \int_0^t H_s \, \mathrm{d}B_s.$$

证明: 设 M 满足 $\sup\limits_{t} E[M_t^2] < \infty$, 则存在 $M_\infty \in L^2(\Omega, \mathcal{F}_\infty, P)$,

$$M_\infty = E[M_\infty] + \int_0^\infty H_s \, \mathrm{d}B_s.$$

由条件数学期望性质,

$$E[M_\infty \mid \mathcal{F}_t] = E[M_\infty] + E\left[\left.\int_0^\infty H_s \, \mathrm{d}B_s \,\right|\, \mathcal{F}_t\right]$$

$$= E[M_\infty] + \int_0^t H_s \, \mathrm{d}B_s.$$

由于 $\sup\limits_{t} E[M_t^2] < \infty$, 故 $M = (M_t)_{t \geqslant 0}$ 是一致可积的. 因此

$$M_t = E[M_\infty \mid \mathcal{F}_t] = E[M_\infty] + \int_0^t H_s \, \mathrm{d}B_s.$$

若 $M = (M_t)_{t \geqslant 0}$ 是一致可积的, 由于 $L^2(\Omega, \mathcal{F}_\infty, P)$ 在 $L^1(\Omega, \mathcal{F}_\infty, P)$ 中稠密, 故存在 $M_\infty^n \in L^2(\Omega, \mathcal{F}_\infty, P)$, 使得 $E[|M_\infty - M_\infty^n|] \to 0$. 通过

$$P\left(\sup_t |M_t - M_t^n| > \lambda\right) \leqslant \frac{1}{\lambda} E[|M_\infty - M_\infty^n|]$$

易知 M 具有连续轨道. 若 M 是局部鞅, 则通过局部化技巧即可得. ∎

定理 5.2.2 说明若带流概率空间的流是布朗运动生成的流, 则这个带流概率空间上的局部鞅都是连续的. 因此可以体会到, 一个随机过程的鞅的性质与带流概率空间上的概率测度与流密切相关.

鞅表示定理是随机分析的重要内容, 如果定理 5.2.2 中的自然流发生改变, $(\Omega, \mathcal{F}, \{\mathcal{F}_t\}_{t \geqslant 0}, P)$ 上存在局部鞅 M, 则在一定条件下, 对于任意局部鞅 X, 会有

$$X = X_0 + K \cdot M + M^\perp,$$

这里 $M^\perp$ 是局部鞅, 且满足 $M^\perp M$ 是局部鞅, 我们往往称 $M^\perp$ 为与 M 正交的局部鞅. 上述结论的细节, 可参考 [3].

这里值得注意的是, 鞅表示定理是关于局部鞅的. 如果考虑单个随机变量的相关性质, 要根据单个随机变量的各自性质. 这与鞅表示定理不矛盾, 这也是命题 5.2.2 反映的事实.

例 5.2.2 设 $B = (B_t)_{t \geqslant 0}$ 是标准布朗运动. 对于固定的 T, 求 e^{B_T} 在命题 5.2.2 下的表示.

解: 由伊藤公式, 考虑 $\mathrm{e}^{B_t - \frac{1}{2}t}$, 令 $f(t, x) = \mathrm{e}^{x - \frac{1}{2}t}$, 有

$$\partial_t f(t, x) = -\frac{1}{2} \mathrm{e}^{x - \frac{1}{2}t}, \ \partial_x f(t, x) = \mathrm{e}^{x - \frac{1}{2}t},$$

$$\partial_{xx} f(t, x) = \mathrm{e}^{x - \frac{1}{2}t},$$

$$\mathrm{e}^{B_t - \frac{1}{2}t} = 1 + \int_0^t \mathrm{e}^{B_s - \frac{1}{2}s} \, \mathrm{d}B_s.$$

对于固定的 T,

$$\mathrm{e}^{B_T} = \mathrm{e}^{\frac{1}{2}T} + \mathrm{e}^{\frac{1}{2}T} \int_0^T \mathrm{e}^{B_s - \frac{1}{2}s}\, \mathrm{d}B_s.$$

于是

$$\mathrm{e}^{B_T} = E[\mathrm{e}^{B_T}] + \int_0^T \mathrm{e}^{B_s + \frac{1}{2}(T-s)}\, \mathrm{d}B_s. \qquad \blacksquare$$

例 5.2.3 设 $B = (B_t)_{t \geq 0}$ 是标准布朗运动. 对于固定的 T, 求 $\cos B_T$ 在命题 5.2.2 下的表示.

解: 由伊藤公式,

$$\mathrm{e}^{\frac{t}{2}} \cos B_t$$
$$= 1 + \frac{1}{2} \int_0^t \mathrm{e}^{\frac{s}{2}} \cos B_s\, \mathrm{d}s - \int_0^t \mathrm{e}^{\frac{s}{2}} \sin B_s\, \mathrm{d}B_s - \frac{1}{2} \int_0^t \mathrm{e}^{\frac{s}{2}} \cos B_s\, \mathrm{d}s.$$

故

$$\mathrm{e}^{\frac{t}{2}} \cos B_t = 1 - \int_0^t \mathrm{e}^{\frac{s}{2}} \sin B_s\, \mathrm{d}B_s.$$

于是

$$\cos B_T = \mathrm{e}^{-\frac{T}{2}} - \int_0^T \mathrm{e}^{\frac{s-T}{2}} \sin B_s\, \mathrm{d}B_s$$
$$= E[\cos B_T] - \int_0^T \mathrm{e}^{\frac{s-T}{2}} \sin B_s\, \mathrm{d}B_s. \qquad \blacksquare$$

§5.3 测 度 变 换

我们首先从一个简单问题开始讨论. 设 X 是概率空间 $(\Omega, \mathcal{F}, P)$ 上的随机变量, 且服从标准正态分布 $N(0,1)$. 令 $\Lambda(X) = \mathrm{e}^{\mu X - \frac{\mu^2}{2}}$, μ 是一个常数. 定义概率测度 Q 如下: 对于 $A \in \mathcal{F}$,

$$Q(A) = \int_A \Lambda(X)\, \mathrm{d}P = E_P[\mathbf{1}_A \Lambda(X)].$$

下面考虑 X 在 Q 下的矩母函数:

$$E_Q[\mathrm{e}^{uX}] = E_P[\mathrm{e}^{uX} \Lambda(X)] = E_P[\mathrm{e}^{(u+\mu)X - \frac{\mu^2}{2}}]$$
$$= \mathrm{e}^{-\frac{\mu^2}{2}} E_P[\mathrm{e}^{(u+\mu)X}] = \mathrm{e}^{\frac{u^2}{2} + \mu u}.$$

故在 Q 下, X 服从 $N(\mu, 1)$.

类似地, 设 X 在 $(\Omega, \mathcal{F}, P)$ 上, 且服从 $N(0,1)$. 令 $Y = X + \mu$, $\Lambda(X) = \mathrm{e}^{-\mu X - \frac{\mu^2}{2}}$, 定义 Q 如下: 对于 $A \in \mathcal{F}$,

$$Q(A) = \int_A \Lambda(X)\, \mathrm{d}P.$$

在 Q 下, Y 的矩母函数如下:

$$E_Q[\mathrm{e}^{uY}] = E_P[\mathrm{e}^{u(X+\mu)}\Lambda(X)] = E_P[\mathrm{e}^{(u-\mu)X+u\mu-\frac{1}{2}\mu^2}]$$
$$= \mathrm{e}^{u\mu-\frac{1}{2}\mu^2}E_P[\mathrm{e}^{(u-\mu)X}] = \mathrm{e}^{u\mu-\frac{1}{2}\mu^2} \cdot \mathrm{e}^{\frac{(\mu-u)^2}{2}} = \mathrm{e}^{\frac{u^2}{2}}.$$

故在 Q 下, Y 服从 $N(0,1)$.

在统计学中, 如果需要估计一个小概率事件, 我们往往需要用计算机去模拟验证. 设 $Y \sim N(6,1)$, 需要估计 $P(Y < 0)$. 事实上, $P(Y < 0) \approx 10^{-10}$ 是非常小的. 利用经验分布模拟验证:

$$P(Y < 0) \approx \frac{1}{n}\sum_{i=1}^{n}\mathbf{1}_{\{x_i < 0\}},$$

这里 x_i 取自 $N(6,1)$ 总体的样本值. 由于 $P(Y < 0) \approx 10^{-10}$ 很小, 即使做 $n = 10^6$ 次试验, 很有可能也不能较准确地估计出 $P(Y < 0)$.

若使用测度变换, 这个问题可以这样考虑. 设 Q 是 $\mathbb{R}$ 上的概率测度. 对于 $A \in \mathcal{B}$,

$$Q(A) = \int_A \varphi(x)\,\mathrm{d}P,$$

这里 $\varphi(x)$ 为 $N(6,1)$ 的密度函数. 令 $\Lambda(x) = \mathrm{e}^{6x-18}$, P 是 $\mathbb{R}$ 上的概率测度: 对 $A \in \mathcal{B}$,

$$P(A) = \int_A f(x)\,\mathrm{d}x,$$

这里 $f(x)$ 为 $N(0,1)$ 的密度函数. 事实上, $Q(A) = \int_A \Lambda(x)f(x)\,\mathrm{d}x$.

$$P(Y < 0) = Q(A)$$
$$\approx \frac{1}{n}\sum_{i=1}^{n}\mathrm{e}^{6x_i-18}\mathbf{1}_{\{x_i < 0\}}$$
$$= \mathrm{e}^{-12}\sum_{i=1}^{n}\mathrm{e}^{6(x_i-1)}\mathbf{1}_{\{x_i < 0\}},$$

这里 x_i 是取自总体 $N(0,1)$ 的样本值. 这样, 不需要进行大量试验, 即可较准确估计出 $P(Y < 0)$.

当然上面的问题本质上是不同概率分布之间关系的问题. 在考虑随机过程的问题时, 我们经常会遇到一些随机过程不是鞅. 例如, 若 $B = (B_t)_{t \geqslant 0}$ 是 $(\Omega, \mathcal{F}, \{\mathcal{F}_t\}_{t \geqslant 0}, P)$ 上的标准布朗运动, 则几何布朗运动

$$\mathrm{d}X_t = mX_t\,\mathrm{d}t + \sigma X_t\,\mathrm{d}B_t$$

是一个半鞅. 我们感兴趣的问题是: 是否能找到一个测度 Q, 使得在 $(\Omega, \mathcal{F}, \{\mathcal{F}_t\}_{t \geqslant 0}, Q)$ 上 X 是一个局部鞅. 这一节的测度变换即可解决这一问题.

为叙述方便, 这一节中我们考虑在时间上加以限制. 给定常数 $T > 0$, 考虑 $[0, T]$ 上的问题. 带流概率空间 $(\Omega, \mathcal{F}, \{\mathcal{F}_t\}_{0 \leqslant t \leqslant T}, P)$ 上, $\Lambda = (\Lambda_t)_{0 \leqslant t \leqslant T}$ 是一个鞅, 且严格大于 0. 当 $E[\Lambda_T] = 1$ 时, 定义 Q 如下: 对于 $A \in \mathcal{F}$,

$$Q(A) = \int_A \Lambda_T \, \mathrm{d}P.$$

若 ξ 是在 Q 意义下可积的随机变量, 易知有 $E_Q[\xi] = E_P[\Lambda_T \xi]$. 当 $0 \leqslant t \leqslant T$ 时, 有

$$E_Q[\xi \mid \mathcal{F}_t] = E_P\left[\frac{\Lambda_T}{\Lambda_t} \xi \Big| \mathcal{F}_t\right].$$

由条件数学期望的性质, 需要证明对于任意有界 $\mathcal{F}_t-$ 可测随机变量 η,

$$E_Q[\xi \eta] = E_Q[\eta \, E_Q[\xi \mid \mathcal{F}_t]].$$

事实上, 由于 $E_P\left[\frac{\Lambda_T}{\Lambda_t} \xi \Big| \mathcal{F}_t\right]$ 可测, 故

$$
\begin{aligned}
E_Q\left[E_P\left[\frac{\Lambda_T}{\Lambda_t} \xi \Big| \mathcal{F}_t\right] \eta\right] &= E_P\left[\Lambda_T E_P\left[\frac{\Lambda_T}{\Lambda_t} \xi \Big| \mathcal{F}_t\right] \eta\right] \\
&= E_P\left[E_P[\Lambda_T \mid \mathcal{F}_t] E_P\left[\frac{\Lambda_T}{\Lambda_t} \xi \Big| \mathcal{F}_t\right] \eta\right] \\
&= E_P[E_P[\Lambda_T \xi \mid \mathcal{F}_t] \eta] \\
&= E_P[\Lambda_T \xi \eta] = E_Q[\xi \eta].
\end{aligned}
$$

因此, 得到

$$E_Q[\xi \mid \mathcal{F}_t] = E_P\left[\frac{\Lambda_T}{\Lambda_t} \xi \Big| \mathcal{F}_t\right].$$

进一步, 若 $s \leqslant t$, ξ 是 $\mathcal{F}_t-$ 可测的, 有

$$E_Q[\xi \mid \mathcal{F}_s] = E_P\left[\frac{\Lambda_t}{\Lambda_s} \xi \Big| \mathcal{F}_s\right].$$

事实上,

$$
\begin{aligned}
E_Q[\xi \mid \mathcal{F}_s] &= E_P\left[\frac{\Lambda_T}{\Lambda_s} \xi \Big| \mathcal{F}_s\right] = E_P\left[E_P\left[\frac{\Lambda_T}{\Lambda_s} \xi \Big| \mathcal{F}_t\right] \Big| \mathcal{F}_s\right] \\
&= E_P\left[\frac{\xi}{\Lambda_s} E_P[\Lambda_T \mid \mathcal{F}_t] \Big| \mathcal{F}_s\right] = E_P\left[\frac{\Lambda_t}{\Lambda_s} \xi \Big| \mathcal{F}_s\right].
\end{aligned}
$$

由上面的讨论, 得到如下命题.

命题 5.3.1 $M = (M_t)_{0 \leqslant t \leqslant T}$ 是 $(\Omega, \mathcal{F}, \{\mathcal{F}_t\}_{t \geqslant 0}, Q)$ 上的鞅, 当且仅当 $(\Lambda_t M_t)_{0 \leqslant t \leqslant T}$ 是 $(\Omega, \mathcal{F}, \{\mathcal{F}_t\}_{t \geqslant 0}, P)$ 上的鞅.

证明: 首先, 若 $(\Lambda_t M_t)_{0 \leqslant t \leqslant T}$ 是 $(\Omega, \mathcal{F}, \{\mathcal{F}_t\}_{t \geqslant 0}, P)$ 上的鞅, 则

$$
E_Q[M_t \mid \mathcal{F}_s] = E_P\left[\frac{\Lambda_t}{\Lambda_s} M_t \bigg| \mathcal{F}_s\right] = \frac{1}{\Lambda_s} E_P[\Lambda_t M_t \mid \mathcal{F}_s]
$$
$$
= \frac{1}{\Lambda_s} \Lambda_s M_s = M_s.
$$

故 $M = (M_t)_{0 \leqslant t \leqslant T}$ 是 $(\Omega, \mathcal{F}, \{\mathcal{F}_t\}_{t \geqslant 0}, Q)$ 上的鞅.

反之, 若 $M = (M_t)_{0 \leqslant t \leqslant T}$ 是 $(\Omega, \mathcal{F}, \{\mathcal{F}_t\}_{t \geqslant 0}, Q)$ 上的鞅, 则

$$
E_P[\Lambda_t M_t \mid \mathcal{F}_s] = \Lambda_s E_P\left[\frac{\Lambda_t}{\Lambda_s} M_t \bigg| \mathcal{F}_s\right]
$$
$$
= \Lambda_s E_Q[M_t \mid \mathcal{F}_s] = \Lambda_s M_s.
$$

命题得证. ■

由上面的命题, 易得

命题 5.3.2 设 $\Lambda = (\Lambda_t)_{t \geqslant 0}$ 是 $(\Omega, \mathcal{F}, \{\mathcal{F}_t\}_{t \geqslant 0}, P)$ 上的鞅且 $\Lambda > 0$, $E_P(\Lambda_T) = 1$. 令

$$
Q(A) = \int_A \Lambda_T \, \mathrm{d}P, \ A \in \mathcal{F},
$$

则 $\dfrac{1}{\Lambda_t}$ 是 $(\Omega, \mathcal{F}, \{\mathcal{F}_t\}_{t \geqslant 0}, Q)$ 上的鞅.

结合前面的讨论, 我们首先得到一个关于布朗运动的测度变换定理.

定理 5.3.1 (测度变换定理 (I)) 设 B 是 $(\Omega, \mathcal{F}, \{\mathcal{F}_t\}_{0 \leqslant t \leqslant T}, P)$ 上的标准布朗运动. 令 $0 \leqslant t \leqslant T$, μ 是常数, $W_t = B_t + \mu t$. 定义 Q 如下:

$$
Q(A) = \int_A \mathrm{e}^{-\mu B_T - \frac{1}{2}\mu^2 T} \, \mathrm{d}P,
$$

则 $W = (W_t)_{0 \leqslant t \leqslant T}$ 是 $(\Omega, \mathcal{F}, \{\mathcal{F}_t\}_{0 \leqslant t \leqslant T}, Q)$ 上的标准布朗运动.

证明: 首先证明 W 是 $(\Omega, \mathcal{F}, \{\mathcal{F}_t\}_{0 \leqslant t \leqslant T}, Q)$ 上的鞅.

事实上, 此时 $\Lambda_t = \mathrm{e}^{-\mu B_t - \frac{1}{2}\mu^2 t}$, 我们只需证明 $(W_t \Lambda_t)_{0 \leqslant t \leqslant T}$ 是 $(\Omega, \mathcal{F}, \{\mathcal{F}_t\}_{0 \leqslant t \leqslant T}, P)$ 上的鞅. 考虑 $0 \leqslant s < t \leqslant T$,

$$
\begin{aligned}
E_P[W_t \Lambda_t \mid \mathcal{F}_s] &= E_P[(B_t + \mu t)\mathrm{e}^{-\mu B_t - \frac{1}{2}\mu^2 t} \mid \mathcal{F}_s] \\
&= E_P[B_t \mathrm{e}^{-\mu B_t - \frac{1}{2}\mu^2 t} \mid \mathcal{F}_s] + \mu t \mathrm{e}^{-\mu B_s - \frac{1}{2}\mu^2 s} \\
&= E_P[(B_t - B_s + B_s)\mathrm{e}^{-\mu B_t - \frac{1}{2}\mu^2 t} \mid \mathcal{F}_s] + \mu t \mathrm{e}^{-\mu B_s - \frac{1}{2}\mu^2 s} \\
&= B_s \mathrm{e}^{-\mu B_s - \frac{1}{2}\mu^2 s} + E_P[(B_t - B_s)\mathrm{e}^{-\mu B_t - \frac{1}{2}\mu^2 t} \mid \mathcal{F}_s] + \mu t \mathrm{e}^{-\mu B_s - \frac{1}{2}\mu^2 s},
\end{aligned}
$$

这里

$$
\begin{aligned}
E_P[(B_t - B_s)\mathrm{e}^{-\mu B_t - \frac{1}{2}\mu^2 t} \mid \mathcal{F}_s] &= E_P[(B_t - B_s)\mathrm{e}^{-\mu(B_t - B_s) - \frac{1}{2}\mu^2 t}\mathrm{e}^{-\mu B_s} \mid \mathcal{F}_s] \\
&= \mathrm{e}^{-\mu B_s - \frac{1}{2}\mu^2 t} E_P[\mathrm{e}^{-\mu(B_t - B_s)}(B_t - B_s)] \\
&= \mathrm{e}^{-\mu B_s - \frac{1}{2}\mu^2 t} \mathrm{e}^{-\frac{\mu^2(s-t)}{2}}[-\mu(t - s)] \\
&= -\mu(t - s)\mathrm{e}^{-\mu B_s - \frac{1}{2}\mu^2 s}.
\end{aligned}
$$

故

$$E_P[W_t \Lambda_t \mid \mathcal{F}_s]$$
$$= B_s \mathrm{e}^{-\mu B_s - \frac{1}{2}\mu^2 s} + \mu t \mathrm{e}^{-\mu B_s - \frac{1}{2}\mu^2 s} - \mu(t-s)\mathrm{e}^{-\mu B_s - \frac{1}{2}\mu^2 s}$$
$$= (B_s + \mu s)e^{-\mu B_s - \frac{1}{2}\mu^2 s} = W_s \Lambda_s.$$

因此 W 是 $(\Omega, \mathcal{F}, \{\mathcal{F}_t\}_{0 \leqslant t \leqslant T}, Q)$ 上的连续鞅. 注意到

$$\langle W, W \rangle = \langle B + \mu t, B + \mu t \rangle = t,$$

从而 W 是 $(\Omega, \mathcal{F}, \{\mathcal{F}_t\}_{0 \leqslant t \leqslant T}, Q)$ 上的标准布朗运动. ■

接下来的定理对上述定理进行了推广.

定理 5.3.2 (测度变换定理 (II)) 令 $B = (B_t)_{0 \leqslant t \leqslant T}$ 是 $(\Omega, \mathcal{F}, \{\mathcal{F}_t\}_{0 \leqslant t \leqslant T}, P)$ 上的标准布朗运动, $\mathbb{H} = (\mathbb{H}_t)_{0 \leqslant t \leqslant T}$ 是循序可测过程, 使得 $X = (X_t)_{0 \leqslant t \leqslant T}$, $X_t = -\int_0^t \mathbb{H}_s \, \mathrm{d}B_s$ 可以被定义. 记 $\mathcal{E}(X)$ 为 X 的随机指数,

$$\mathcal{E}(X)_T = \exp\left\{ -\int_0^T \mathbb{H}_s \, \mathrm{d}B_s - \frac{1}{2} \int_0^T \mathbb{H}_s^2 \, \mathrm{d}s \right\}.$$

定义 Q 如下: 对于 $A \in \mathcal{F}$,

$$Q(A) = \int_A \mathcal{E}(X)_T \, \mathrm{d}P.$$

则 $W = (W_t)_{0 \leqslant t \leqslant T}$, $W_t = B_t + \int_0^t \mathbb{H}_s \, \mathrm{d}s$ 是 $(\Omega, \mathcal{F}, \{\mathcal{F}_t\}_{0 \leqslant t \leqslant T}, Q)$ 上的标准布朗运动.

证明: 注意到若 Q 关于 P 绝对连续, 则在 $(\Omega, \mathcal{F}, \{\mathcal{F}_t\}_{0 \leqslant t \leqslant T}, P)$ 上连续过程 W 的二次变差过程与 $(\Omega, \mathcal{F}, \{\mathcal{F}_t\}_{0 \leqslant t \leqslant T}, Q)$ 上 W 的二次变差过程相等. 如需证明 W 是 $(\Omega, \mathcal{F}, \{\mathcal{F}_t\}_{0 \leqslant t \leqslant T}, Q)$ 上的标准布朗运动, 只需证明 W 是 $(\Omega, \mathcal{F}, \{\mathcal{F}_t\}_{0 \leqslant t \leqslant T}, Q)$ 上的鞅. 由前面的讨论, 只需证明 $\mathcal{E}(X)_t W_t$ 是 $(\Omega, \mathcal{F}, \{\mathcal{F}_t\}_{0 \leqslant t \leqslant T}, P)$ 上的鞅. 对于本命题所叙述的问题, 使用局部化技巧, 只需要说明 $\mathcal{E}(X)_t W_t$ 是 $(\Omega, \mathcal{F}, \{\mathcal{F}_t\}_{0 \leqslant t \leqslant T}, P)$ 上的局部鞅. 注意到

$$\mathrm{d}\mathcal{E}(X)_t = \mathcal{E}(X)_t \, \mathrm{d}X_t = -\mathbb{H}_s \mathcal{E}(X)_s \, \mathrm{d}B_s,$$

由分部积分公式,

$$\mathcal{E}(X)_t W_t$$
$$= \mathcal{E}(X)_0 W_0 + \int_0^t \mathcal{E}(X)_s \, \mathrm{d}W_s + \int_0^t W_s \, \mathrm{d}\mathcal{E}(X)_s + \langle W, \mathcal{E}(X) \rangle_t$$
$$= \mathcal{E}(X)_0 W_0 + \int_0^t \mathcal{E}(X)_s \, \mathrm{d}B_s + \int_0^t \mathcal{E}(X)_s \mathbb{H}_s \, \mathrm{d}s - \int_0^t \mathbb{H}_s \mathcal{E}(X)_s \, \mathrm{d}B_s - \int_0^t \mathcal{E}(X)_s \mathbb{H}_s \, \mathrm{d}s.$$

故 $\mathcal{E}(X)W$ 是 $(\Omega, \mathcal{F}, \{\mathcal{F}_t\}_{0 \leqslant t \leqslant T}, P)$ 上的局部鞅. 因此 W 是 $(\Omega, \mathcal{F}, \{\mathcal{F}_t\}_{0 \leqslant t \leqslant T}, Q)$ 上的标准布朗运动. ■

例 5.3.1　设 $B = (B_t)_{0 \leqslant t \leqslant T}$ 是 $(\Omega, \mathcal{F}, \{\mathcal{F}_t\}_{0 \leqslant t \leqslant T}, P)$ 上的标准布朗运动. 令

$$X_t = \int_0^t b_s \, \mathrm{d}s + \int_0^t h_s \, \mathrm{d}B_s,$$

这里 $h_s > 0$, 对任意 $0 \leqslant s \leqslant T$ 成立. 我们可以构造测度 Q, 使得 $X = (X_t)_{0 \leqslant t \leqslant T}$ 在 $(\Omega, \mathcal{F}, \{\mathcal{F}_t\}_{0 \leqslant t \leqslant T}, Q)$ 上是局部鞅.

事实上, 定义 $W = (W_t)_{0 \leqslant t \leqslant T}$, $W_t = B_t + \int_0^t \dfrac{b_s}{h_s} \, \mathrm{d}s$. 下面定义 Q, 使得 $W = (W_t)_{0 \leqslant t \leqslant T}$ 是 $(\Omega, \mathcal{F}, \{\mathcal{F}_t\}_{0 \leqslant t \leqslant T}, Q)$ 上的标准布朗运动. 由测度变换定理, 构造

$$X_t = -\int_0^t \frac{b_s}{h_s} \, \mathrm{d}B_s,$$

$$\mathcal{E}(X)_T = \exp\left\{ -\int_0^T \frac{b_s}{h_s} \, \mathrm{d}B_s - \frac{1}{2} \int_0^T \frac{b_s^2}{h_s^2} \, \mathrm{d}s \right\},$$

令

$$Q(A) = \int_A \mathcal{E}(X)_T \mathrm{d}P, \ A \in \mathcal{F}$$

即可.

关于连续的局部鞅, 有如下定理.

定理 5.3.3 (测度变换定理 (III))　设 $(M_t)_{0 \leqslant t \leqslant T}$ 是 $(\Omega, \mathcal{F}, \{\mathcal{F}_t\}_{0 \leqslant t \leqslant T}, P)$ 上的连续局部鞅, $\Lambda = (\Lambda_t)_{0 \leqslant t \leqslant T}$ 是连续正鞅, $\Lambda_0 = 1$. 令

$$Q(A) = \int_A \Lambda_T \, \mathrm{d}P, \ A \in \mathcal{F},$$

则

$$X = (X_t)_{0 \leqslant t \leqslant T}, \ X_t = M_t - \int_0^t \frac{1}{\Lambda_s} \, \mathrm{d}\langle M, \Lambda \rangle_s$$

是 $(\Omega, \mathcal{F}, \{\mathcal{F}_t\}_{0 \leqslant t \leqslant T}, Q)$ 上的连续局部鞅.

证明: 类似前面的证明, 我们只需证明 ΛX 是 $(\Omega, \mathcal{F}, \{\mathcal{F}_t\}_{0 \leqslant t \leqslant T}, P)$ 上的局部鞅. 事实上, 由分部积分公式,

$$\begin{aligned}
\Lambda_t X_t &= \Lambda_0 X_0 + \int_0^t \Lambda_s \, \mathrm{d}X_s + \int_0^t X_s \, \mathrm{d}\Lambda_s + \langle X, \Lambda \rangle_t \\
&= \Lambda_0 X_0 + \int_0^t \Lambda_s \, \mathrm{d}M_s - \int_0^t \mathrm{d}\langle M, \Lambda \rangle_s + \int_0^t X_s \, \mathrm{d}\Lambda_s + \langle X, \Lambda \rangle_t \\
&= \Lambda_0 X_0 + \int_0^t \Lambda_s \, \mathrm{d}M_s + \int_0^t X_s \, \mathrm{d}\Lambda_s.
\end{aligned}$$

故 ΛX 是 $(\Omega, \mathcal{F}, \{\mathcal{F}_t\}_{0 \leqslant t \leqslant T}, P)$ 上的局部鞅. ∎

考虑定理 5.3.3 中的正鞅 Λ, 对 $\log \Lambda$ 使用伊藤公式:

$$\log \Lambda_t = \log \Lambda_0 + \int_0^t \frac{1}{\Lambda_s} \, \mathrm{d}\Lambda_s - \frac{1}{2} \int_0^t \frac{1}{\Lambda_s^2} \, \mathrm{d}\langle \Lambda, \Lambda \rangle_s.$$

令 $N_t = \int_0^t \frac{1}{\Lambda_s} \mathrm{d}\Lambda_s$, 故 $\Lambda = \mathcal{E}(N)$, 即 $\mathrm{d}\Lambda_t = \Lambda_t \mathrm{d}N_t$, 且 $\langle M, \Lambda \rangle = \Lambda \cdot \langle M, N \rangle$. 故定理 5.3.3 可改写如下:

定理 5.3.4 设 $M = (M_t)_{0 \leqslant t \leqslant T}$ 是 $(\Omega, \mathcal{F}, \{\mathcal{F}_t\}_{0 \leqslant t \leqslant T}, P)$ 上的连续局部鞅, $N = (N_t)_{0 \leqslant t \leqslant T}$ 是初值为 0 的连续局部鞅. 令

$$Q(A) = \int_A \mathcal{E}(N)_T \, \mathrm{d}P,$$

则 $X_t = M_t - \langle M, N \rangle_t$ 是 $(\Omega, \mathcal{F}, \{\mathcal{F}_t\}_{0 \leqslant t \leqslant T}, Q)$ 上的连续局部鞅.

利用测度变换, 可以求解不少问题. 我们看下面这个求极值的分布问题.

例 5.3.2 设 $B = (B_t)_{t \geqslant 0}$ 是 $(\Omega, \mathcal{F}, \{\mathcal{F}_t\}, P)$ 上的标准布朗运动. 令

$$X_t = B_t - bt, \ t \geqslant 0, \ b \in \mathbb{R},$$

考虑 $\sup\limits_{0 \leqslant s \leqslant t} X_s$ 的分布.

对于 $a \in \mathbb{R}$, 令

$$T_{a,b} = \begin{cases} \inf\{t \geqslant 0: \ X_t \geqslant a\}, \ a > 0, \\ \inf\{t \geqslant 0: \ X_t \leqslant a\}, \ a < 0. \end{cases}$$

显然, 对于 $a > 0$, 有

$$P\left(\sup_{0 \leqslant s \leqslant t} X_s \geqslant a\right) = P(T_{a,b} \leqslant t).$$

事实上 $T_{a,b}$ 是一个连续型随机变量, 下面给出 $T_{a,b}$ 的密度函数.

由于 $X_t = B_t - bt$, 令 $A \in \mathcal{F}$,

$$Q(A) = \int_A \mathrm{e}^{bB_T - \frac{b^2 T}{2}} \, \mathrm{d}P,$$

$T > t > 0$ 是常数, $X = (X_t)_{0 \leqslant t \leqslant T}$ 是 $(\Omega, \mathcal{F}, \{\mathcal{F}_t\}_{0 \leqslant t \leqslant T}, Q)$ 上的标准布朗运动. 故对任意可积的随机变量 W(关于 Q),

$$E_Q[W] = E_P[W \mathrm{e}^{bB_T - \frac{b^2 T}{2}}].$$

取

$$W = \mathrm{e}^{-bB_T + \frac{b^2 T}{2}} \mathbf{1}_{\{T_{a,b} \leqslant t\}},$$

可得

$$E_Q[\mathrm{e}^{-bB_T + \frac{b^2 T}{2}} \mathbf{1}_{\{T_{a,b} \leqslant t\}}] = E_P[\mathbf{1}_{\{T_{a,b} \leqslant t\}}] = P(T_{a,b} \leqslant t),$$

而

$$E_Q[\mathrm{e}^{-bB_T + \frac{b^2 T}{2}} \mathbf{1}_{\{T_{a,b} \leqslant t\}}] = E_Q[\mathrm{e}^{-bX_T - \frac{b^2 T}{2}} \mathbf{1}_{\{T_{a,b} \leqslant t\}}],$$

故

$$P(T_{a,b} \leqslant t) = E_Q[\mathrm{e}^{-bX_T - \frac{b^2 T}{2}} \mathbf{1}_{\{T_{a,b} \leqslant t\}}].$$

又 $\{e^{-bX_t - \frac{b^2 t}{2}}\}_{0 \leqslant t \leqslant T}$ 是 $(\Omega, \mathcal{F}, \{\mathcal{F}_t\}_{0 \leqslant t \leqslant T}, Q)$ 上的鞅, 因此

$$E_Q[e^{-bX_T - \frac{b^2 T}{2}} \mid \mathcal{F}_{t \wedge T_{a,b}}] = e^{-bX_{T_{a,b} \wedge t} - \frac{b^2 (t \wedge T_{a,b})}{2}}.$$

由于 $\{T_{a,b} \leqslant t\} \in \mathcal{F}_{t \wedge T_{a,b}}$, 故

$$\begin{aligned}
E_Q[e^{-bX_T - \frac{b^2 T}{2}} \mathbf{1}_{\{T_{a,b} \leqslant t\}}] &= E_Q[e^{-bX_{T_{a,b} \wedge t} - \frac{b^2 (t \wedge T_{a,b})}{2}} \mathbf{1}_{\{T_{a,b} \leqslant t\}}] \\
&= E_Q[e^{-bX_{T_{a,b}} - \frac{b^2 T_{a,b}}{2}} \mathbf{1}_{\{T_{a,b} \leqslant t\}}] \\
&= e^{-ab} E_Q[e^{\frac{b^2 T_{a,b}}{2}} \mathbf{1}_{\{T_{a,b} \leqslant t\}}].
\end{aligned}$$

在 $(\Omega, \mathcal{F}, \{\mathcal{F}_t\}_{0 \leqslant t \leqslant T}, Q)$ 上, $T_{a,b}$ 实际上是标准布朗运动的首中时,

$$\begin{aligned}
Q(T_{a,b} \leqslant t) &= Q(\max_{0 \leqslant s \leqslant t} X_s \geqslant a) \\
&= 2Q(X_t \geqslant a) \\
&= \sqrt{\frac{2}{\pi}} \int_a^\infty \frac{1}{t^{\frac{1}{2}}} e^{-\frac{x^2}{2t}} \, dx.
\end{aligned}$$

对其关于 t 求导, 可知在 $(\Omega, \mathcal{F}, \{\mathcal{F}_t\}_{0 \leqslant t \leqslant T}, Q)$ 上 $T_{a,b}$ 的密度函数为 $\frac{|a|}{\sqrt{2\pi} t^{\frac{3}{2}}} e^{-\frac{a^2}{2t}}$, 故

$$\begin{aligned}
&e^{-ab} E_Q[e^{-\frac{b^2 T_{a,b}}{2}} \mathbf{1}_{\{T_{a,b} \leqslant t\}}] \\
&= e^{-ab} \int_0^t e^{-\frac{b^2 s}{2}} \frac{|a|}{\sqrt{2\pi} s^{\frac{3}{2}}} e^{-\frac{a^2}{2s}} \, ds \\
&= \int_0^t \frac{|a|}{\sqrt{2\pi} s^{\frac{3}{2}}} e^{-\frac{(a+bs)^2}{2s}} \, ds.
\end{aligned}$$

对其关于 t 求导, 可知在 $(\Omega, \mathcal{F}, \{\mathcal{F}_t\}_{0 \leqslant t \leqslant T}, P)$ 上 $T_{a,b}$ 的密度函数为 $\frac{|a|}{\sqrt{2\pi} t^{\frac{3}{2}}} e^{-\frac{(a+bt)^2}{2t}}$.

§5.4 费曼－卡茨公式

这一节考虑使用伊藤公式研究金融中的问题. 假设股票价格服从几何布朗运动,

$$dX_t = mX_t \, dt + \sigma X_t \, dB_t,$$

在未来 T 时刻, 若拥有以价格 s 购买此股票的权利, 则这项权利在 T 时刻的价值为 $F(X_T)$, 这里

$$F(x) = (x - s)_+ = \max\{x - s, 0\}.$$

若通货膨胀率为 r, 则金额 x 为未来 t 时刻价值 $e^{-rt} x$. 故

$$\phi(t, x) = E[e^{-r(T-t)} F(X_T) \mid X_t = x]$$

为 t 时刻价格为 x 的股票在 T 时刻以 s 的价格购买的"期权"的价格.

直接求这个条件数学期望是很困难的. 下面考虑使用伊藤公式求解这个问题, 假设 $\phi(t,x)$ 是足够光滑的函数.

更一般地, 令 $\mathrm{d}X_t = m(t, X_t)\,\mathrm{d}t + \sigma(t, X_t)\,\mathrm{d}B_t$, 通货膨胀率为 $r(t,x)$, 则

$$\phi(t,x) = E\left[\exp\left\{-\int_t^T r(s, X_s)\,\mathrm{d}s\right\}F(X_T)\Big|X_t = x\right].$$

令 $R_T = R_0 \exp\left\{\int_0^T r(s, X_s)\,\mathrm{d}s\right\}$, $M_t = E[R_T^{-1}F(X_T) \mid \mathcal{F}_t]$, 于是 $M = (M_t)_{0 \leqslant t \leqslant T}$ 是鞅, 且

$$\begin{aligned}
M_t &= R_t^{-1}E\left[\exp\left\{-\int_t^T r(s, X_s)\,\mathrm{d}s\right\}F(X_T)\Big|\mathcal{F}_t\right]\\
&= R_t^{-1}E\left[\exp\left\{-\int_t^T r(s, X_s)\,\mathrm{d}s\right\}F(X_T)\Big|X_t\right]\\
&= R_t^{-1}\phi(t, X_t).
\end{aligned}$$

由伊藤公式,

$$\mathrm{d}M_t = R_t^{-1}\,\mathrm{d}\phi(t, X_t) + \phi(t, X_t)\,\mathrm{d}R_t^{-1},$$

这里

$$\begin{aligned}
&\mathrm{d}\phi(t, X_t)\\
&= \partial_t\phi(t, X_t)\,\mathrm{d}t + \partial_X\phi(t, X_t)\,\mathrm{d}X_t + \frac{1}{2}\partial_{XX}\phi(t, X_t)\,\mathrm{d}\langle X, X\rangle_t\\
&= [\partial_t\phi(t, X_t) + \partial_X\phi(t, X_t)m(t, X_t) + \frac{1}{2}\partial_{XX}(t, X_t)\sigma^2(t, X_t)]\,\mathrm{d}t +\\
&\quad \sigma(t, X_t)\partial_X\phi(t, X_t)\,\mathrm{d}B_t,\\
&\mathrm{d}R_t^{-1} = -r(t, X_t)R_t^{-1}\,\mathrm{d}t.
\end{aligned}$$

因此

$$\begin{aligned}
\mathrm{d}M_t = R_t^{-1}\Big(&-r(t, X_t)\phi(t, X_t) + \partial_t\phi(t, X_t) +\\
&\partial_X\phi(t, X_t)m(t, X_t) + \frac{1}{2}\partial_{XX}\phi(t, X_t)\sigma^2(t, X_t)\Big)\,\mathrm{d}t +\\
&\sigma(x, X_t)\partial_X\phi(x, X_t)\,\mathrm{d}B_t.
\end{aligned}$$

由上讨论可知, 只有满足

$$-r(t,x)\phi(t,x) + \partial_t\phi(t,x) + m(t,x)\partial_x\phi(t,x) + \frac{1}{2}\sigma^2(t,x)\partial_{xx}\phi(t,x) = 0$$

时 $M = (M_t)_{0 \leqslant t \leqslant T}$ 才可能是鞅. 结合边界条件,

$$\phi(T, x) = F(x),$$

只要求解上面的偏微分方程即可. 这就是著名的**费曼 – 卡茨公式**.

考虑更复杂的问题. 设股票价格 S 及债券价格 R 满足

$$\mathrm{d}S_t = S_t(m\,\mathrm{d}t + \sigma\,\mathrm{d}B_t), \quad \mathrm{d}R_t = rR_t\,\mathrm{d}t.$$

在未来 T 时刻, 若拥有以价格 K 购买此股票的权利, 则这项权利在 T 时刻的价值为 $F(S_T)$,

$$F(S_T) = (S_T - K)_+ = \begin{cases} S_T - K, & S_T > K, \\ 0, & S_T \leqslant K. \end{cases}$$

考虑自融资条件下的一种投资组合

$$V_t = a_t S_t + b_t R_t,$$

最终调整使得 $V_T = (S_T - K)_+$. 这里假设 $\mathrm{d}V_t = a_t\,\mathrm{d}S_t + b_t\,\mathrm{d}R_t$. 因此

$$\begin{aligned} \mathrm{d}V_t &= a_t S_t(m\,\mathrm{d}t + \sigma\,\mathrm{d}B_t) + b_t r R_t\,\mathrm{d}t \\ &= a_t S_t(m\,\mathrm{d}t + \sigma\,\mathrm{d}B_t) + r(V_t - a_t S_t)\,\mathrm{d}t \\ &= [ma_t S_t + r(V_t - a_t S_t)]\,\mathrm{d}t + \sigma a_t S_t\,\mathrm{d}B_t. \end{aligned}$$

又令 $V_t = f(t, S_t)$, 有

$$\begin{aligned} \mathrm{d}V_t &= \mathrm{d}f(t, S_t) \\ &= \left[\partial_t f(t, S_t) + mS_t \partial_S f(t, S_t) + \frac{\sigma^2 S_t^2}{2}\partial_{SS}f(t, S_t)\right]\mathrm{d}t + \sigma S_t \partial_S f(t, S_t)\,\mathrm{d}B_t. \end{aligned}$$

从而

$$a_t = \partial_S f(t, S_t), \quad b_t = \frac{V_t - a_t S_t}{R_t}.$$

又由 $V_t = f(t, S_t)$ 知

$$\begin{aligned} &\partial_t f(t, S_t) + mS_t a_t + \frac{\sigma^2 S_t^2}{2}\partial_{SS}f(t, S_t) \\ &= ma_t S_t + rf(t, S_t) - r\partial_x f(t, S_t)S_t. \end{aligned}$$

于是

$$\partial_t f(t, x) = rf(t, x) - rx\partial_x f(t, x) - \frac{\sigma^2 x^2}{2}\partial_{xx}f(t, x).$$

在这个式子中已经不再出现 m 了, 这就是所谓的**布莱克 – 斯科尔斯方程** (B–S **方程**). 这时可以将原来的问题转化为

$$f(t, x) = E[\mathrm{e}^{-r(T-t)}F(S_T)|S_t = x]$$
$$\mathrm{d}S_t = S_t(r\,\mathrm{d}t + \sigma\,\mathrm{d}B_t).$$

我们可以用前面的费曼 – 卡茨公式求解 $f(t,x)$.

　　事实上, 由于 $V_t = f(t, S_t)$, 在一定条件下, 可以给出 V_t 的具体表达式. 注意到

$$F(S_T) = (S_T - K)_+, \quad \widetilde{S}_t = \mathrm{e}^{-rt} S_t, \quad \hat{V}_t = \mathrm{e}^{-Kt} V_t,$$

存在测度 Q, $\mathrm{d}\widetilde{S}_t = \sigma \widetilde{S}_t \, \mathrm{d}W_t$, 使得 W 是 $(\Omega, \mathcal{F}, \{\mathcal{F}_t\}_{0 \leqslant t \leqslant T}, Q)$ 上的标准布朗运动,

$$\begin{aligned}
\widetilde{S}_T &= \widetilde{S}_t \exp\left\{ \int_t^T \sigma \, \mathrm{d}W_s - \frac{1}{2} \int_t^T \sigma^2 \, \mathrm{d}s \right\} \\
&= \widetilde{S}_t \exp\left\{ \sigma(W_T - W_t) - \frac{\sigma^2(T-t)}{2} \right\}.
\end{aligned}$$

令

$$\Phi(x) = Q(\widetilde{S}_T \leqslant x | \widetilde{S}_t),$$

$\Phi(x)$ 可以认为是 $Z = \exp\{aN + y\}$ 的分布, 这里

$$a = \sigma\sqrt{T-t}, \ N \sim N(0,1), \ y = \log \widetilde{S}_t - \frac{a^2}{2}.$$

令

$$\begin{aligned}
G(z) &= Q(Z \leqslant z) \\
&= Q(\mathrm{e}^{aN+y} \leqslant z) \\
&= Q\left(N \leqslant \frac{\log z - y}{a} \right),
\end{aligned}$$

$$g(z) = G'(z) = \frac{1}{az} \Phi\left(\frac{-y + \log z}{a} \right),$$

Φ 是标准正态分布的分布函数. 令 $\widetilde{K} = \mathrm{e}^{-rT} K$, 由于 $V_t = E_Q[(R_t / R_T) F(S_T) | \mathcal{F}_t]$,

$$\widetilde{V}_t = \frac{V_t}{R_t} = E_Q[R_T^{-1} F(S_T) | \mathcal{F}_t] = E_Q[R_T^{-1} F(S_T) | S_t].$$

而

$$\widetilde{V}_T = \mathrm{e}^{-rT} F(S_T) = (\widetilde{S}_T - \widetilde{K})_+,$$

故

$$\widetilde{V}_t = \int_{\widetilde{K}}^\infty (z - \widetilde{K}) g(z) \, \mathrm{d}z.$$

利用分部积分公式,

$$\widetilde{V}_t = \widetilde{S}_t \Phi\left(\frac{\log(\widetilde{S}_t / \widetilde{K}) + a^2/2}{a} \right) - \widetilde{K} \Phi\left(\frac{\log(\widetilde{S}_t / \widetilde{K}) - a^2/2}{a} \right),$$

即

$$V_t = \mathrm{e}^{rt}\widetilde{V}_t$$

$$= S_t \Phi\left(\frac{\log\left(S_t/K\right) + rs + a^2/2}{a}\right) - \mathrm{e}^{-rs}K\Phi\left(\frac{\log\left(S_t/K\right) + rs - a^2/2}{a}\right),$$

这里 $s = T - t$. 这就是著名的**布莱克 – 斯科尔斯公式** (B–S 公式).

§5.5 金融统计概要

金融市场研究是实际应用随机分析的重要场景. 金融市场中风险的度量与控制是相关研究的重要内容之一, 很多学者把研究金融资产波动率的估计作为研究的切入点. 如果假设金融市场中相关数据的变化规律可以通过扩散过程刻画:

$$\mathrm{d}X_t = \mu(X_t)\mathrm{d}t + \sigma(X_t)\mathrm{d}B_t,$$

这里 B 是标准布朗运动, 系数 $\mu(\cdot)$ 和 $\sigma(\cdot)$ 在经济上可以刻画资产预期风险回报的时间趋势和条件方差. 金融统计的目的就是通过数据把 $\mu(\cdot)$ 和 $\sigma(\cdot)$ 估计出来. 这里我们主要关心对于 $\sigma(\cdot)$ 的估计. 由于大多数情况下金融数据的概率分布是未知的, 故可以采用非参数统计的方法进行估计. 利用伊藤公式,

$$(X_{t+\Delta} - X_t)^2$$
$$= 2\int_t^{t+\Delta}(X_s - X_t)\mu(X_s)\,\mathrm{d}s + 2\int_t^{t+\Delta}(X_s - X_t)\sigma(X_s)\,\mathrm{d}B_s + \int_t^{t+\Delta}\sigma^2(X_s)\,\mathrm{d}s.$$

考虑到 X 的连续性及 $\Delta \to 0$, 会有

$$\lim_{t\to 0} E\left[\frac{(X_{t+\Delta} - X_t)^2}{\Delta}\bigg| X_t = x\right] = \sigma^2(x).$$

由于上式与回归函数的形式非常接近, 在 Δ 足够小的情况下, 往往借用非参数核估计的方法来估计 $\sigma^2(x)$, 即采用

$$\hat{\sigma}^2(x, h) = \frac{\displaystyle\sum_{i=1} K_h(X_{i\Delta} - x)\frac{(X_{(i+1)\Delta} - X_{i\Delta})^2}{\Delta}}{\displaystyle\sum_{i=1} K_h(X_{i\Delta} - x)}$$

来估计 $\sigma^2(x)$, 这里 $\{X_{i\Delta}, i = 1, 2, \cdots, n\}$ 是在时间区间 $[0, T]$ 上的 $n = \dfrac{T}{\Delta}$ 个等距样本观察值; $\Delta = \dfrac{T}{n}$ 是样本间隔; $K_h(X_{i\Delta} - x) = \dfrac{1}{h}K\left(\dfrac{X_{i\Delta} - x}{h}\right)$, $K(\cdot)$ 为核函数, h 为窗宽. 常用的核函数有

　　1. 均匀核: $K(u) = \dfrac{1}{2}\mathbf{1}_{\{|u|\leqslant 1\}}$;

2. 高斯核:$K(u) = \dfrac{1}{\sqrt{2\pi}} \exp\left\{-\dfrac{u^2}{2}\right\}$;

3. 埃帕内奇尼科夫核: $K(u) = \dfrac{3}{4}(1-u^2)I(|u| \leqslant 1)$.

事实上, 关于 $\sigma^2(x)$ 的估计有很多种, 还可以采用局部线性的方法:

$$\widehat{\sigma^2}_{LL}(x,h) = \frac{\displaystyle\sum_{i=1} w_i^{LL}(x,h)K_h(X_{i\Delta}-x)\frac{(X_{(i+1)\Delta}-X_{i\delta})^2}{\Delta}}{\displaystyle\sum_{i=1} w_i^{LL}(x,h)K_h(X_{i\Delta}-x)},$$

其中 $w_i^{LL}(x,h) = S_{n,2} - (X_{i\Delta}-x)S_{n,1}, S_{n,j} = \displaystyle\sum_{i=1}^{n}(X_{i\Delta}-x)^j K_h(X_{i\Delta}-x), j = 1, 2$.

如果我们想具体检验上述估计量的统计性质, 可以考虑进行蒙特卡罗模拟. 假设数据的变化规律由几何布朗运动而来:

$$\mathrm{d}X_t = \left(\mu + \frac{\sigma^2}{2}\right)X_t\mathrm{d}t + \sigma X_t\mathrm{d}W_t.$$

设定 $\mu = 0.087, \sigma = 0.178$, 通过差分方程

$$X_{t+1} = X_t + \left(u + \frac{1}{2}\sigma^2\right)\Delta + \sigma\varepsilon_t\sqrt{\Delta}$$

产生数据, 其中 $\Delta = \dfrac{T}{n}$, 设总时长 $T = 10$, 样本数 $n = 1000$, ε_t 是通过蒙特卡罗模拟生成的服从标准正态分布的随机数, 初值 $X_0 = 0.067$. 产生数据后, 根据上面提到的方法进行估计. 人们往往通过直方图来检测估计值与真实值之间的差距是否渐近服从正态分布, 从而据此进行统计推断. 在直角坐标系中, 用横轴表示估计值与真实值之间差距的取值, 横轴上的每个小区间对应一个组的组距, 作为小矩形的底边; 纵轴表示估计值与真实值之间差距的频率与组距的比值, 并将它作为小矩形的高, 这种小矩形构成的一组图称为直方图. 如果直方图的形状与正态分布密度函数的形状类似, 我们可以初步判断估计量有相关的置信区间, 因此可以进行统计推断. 下面四幅图分别是利用高斯核函数 $\widehat{\sigma^2}(x,h) - \sigma^2(x)$ 的直方图 (图 1(a)), 利用埃帕内奇尼科夫核函数 $\widehat{\sigma^2}(x,h) - \sigma^2(x)$ 的直方图 (图 1(b)), 利用高斯核函数 $\widehat{\sigma^2}_{LL}(x,h) - \sigma^2(x)$ 的直方图 (图 1(c)), 利用埃帕内奇尼科夫核函数 $\widehat{\sigma^2}_{LL}(x,h) - \sigma^2(x)$ 的直方图 (图 1(d)).

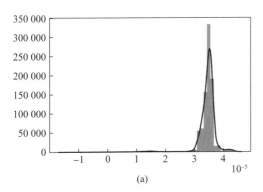

(a)

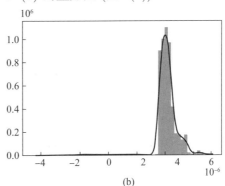

(b)

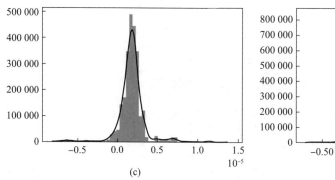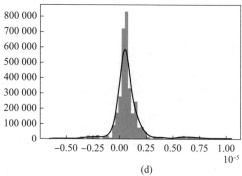

(c)

(d)

图 1

习 题 5

1. 设 $X = (X_t)_{t \geqslant 0}$ 是 $(\Omega, \mathcal{F}, \{\mathcal{F}_t\}_{t \geqslant 0}, P)$ 上的随机过程, $X_0 = 1$,

$$\mathrm{d}X_t = mX_t\mathrm{d}t + \mathrm{d}B_t,$$

这里 $B = (B_t)_{t \geqslant 0}$ 是标准布朗运动, $R > 1$ 是常数,

$$T = \inf\{t : X_t = R \text{ 或 } X_t = 0\}.$$

(1) 若存在一个函数 F 满足 $F(0) = 0$, 当 $x > 0$ 时 $F(x) > 0$, 且使得 $F(X_{t \wedge T})$ 是局部鞅, 求 F;

(2) 求 $P(X_T = 0)$;

(3) 当 m 满足什么条件时, 有 $\lim\limits_{R \to \infty} P(X_T = R) = 0$?

2. 设 $X = (X_t)_{t \geqslant 0}$ 是 $(\Omega, \mathcal{F}, \{\mathcal{F}_t\}_{t \geqslant 0}, P)$ 上的扩散过程, 满足

$$\mathrm{d}X_t = -X_t^2\mathrm{d}t + \mathrm{d}B_t.$$

(1) 令 $T = \inf\{t : X_t = 0 \text{ 或 } X_t = 2\}$, $p(x) = P(X_T = 0 | X_0 = x)$, $0 < x < 2$, 设 $p(x)$ 是一个 C^2 函数, 求 $p(x)$ 满足的方程;

(2) 若 $M_t = X_t \exp\left\{-\int_0^t g(X_s)\mathrm{d}s\right\}$, 求 $g(x)$ 使得 $M = (M_t)_{t \geqslant 0}$ 是局部鞅.

3. 设 $M = (M_t)_{t \geqslant 0}$ 是 $(\Omega, \mathcal{F}, \{\mathcal{F}_t\}_{t \geqslant 0}, P)$ 上的随机过程, 满足

$$\mathrm{d}M_t = M_t B_t \mathrm{d}B_t,$$

这里 $B = (B_t)_{t \geqslant 0}$ 是标准布朗运动.

(1) 令 $T = \inf\{t : B_t = 2 \text{ 或 } B_t = -1\}$, 假设 $P(T < \infty) = 1$, 求 $P(B_T = 2)$;

(2) 若

$$\frac{\mathrm{d}Q|_{\mathcal{F}_t}}{\mathrm{d}P|_{\mathcal{F}_t}} = M_t,$$

求 $(\Omega, \mathcal{F}, \{\mathcal{F}_t\}_{t \geq 0}, Q)$ 上 $B = (B_t)_{t \geq 0}$ 的形式;

(3) 假设 $Q(T < \infty) = 1$, 求 $Q(B_T = 2)$.

4. 设 $B = (B_t)_{t \geq 0}$ 是 $(\Omega, \mathcal{F}, \{\mathcal{F}_t\}_{t \geq 0}, P)$ 上的布朗运动, $B_0 = x > 0$, 求概率测度 Q 使得在 $(\Omega, \mathcal{F}, \{\mathcal{F}_t\}_{t \geq 0}, Q)$ 上, $(B_t^3)_{t \geq 0}$ 和 $(\cos B_t)_{t \geq 0}$ 是局部鞅.

5. 设 $B = (B_t)_{t \geq 0}$ 是带流概率空间 $(\Omega, \mathcal{F}, \{\mathcal{F}_t\}_{t \geq 0}, P)$ 上的标准布朗运动, 请给出

$$E[\mathrm{e}^{-\sigma \int_t^T B_s \mathrm{d}s} | B_t = x]$$

的计算方法.

部分习题参考答案

第 6 章　莱维过程初步

前面几章, 我们讨论了连续鞅的性质以及和连续鞅相关的一系列过程. 在讨论的过程中, 轨道的连续性起了很重要的作用. 在这一章中, 我们介绍轨道不连续的过程. 我们着眼于介绍一大类重要的随机过程 —— 莱维过程的随机分析性质. 作为莱维过程的重要例子, 泊松过程和复合泊松过程也有很多应用. 当然, 由于篇幅有限, 我们不可能很深入地介绍莱维过程的随机分析性质, 特别是与莱维过程密切相关的半鞅的莱维刻画, 感兴趣的读者可以参考 [3].

§6.1　莱维过程的定义

首先给出莱维过程的定义.

定义 6.1.1　设 $(\Omega, \mathcal{F}, P)$ 是一个概率空间, $X = (X_t)_{t \geqslant 0}$ 是其上一个随机过程. 若对 $s, t > 0$, $X_{s+t} - X_s$ 与 $\sigma(X_r, r \leqslant s)$ 独立, 且 $X_{s+t} - X_s$ 与 $X_t - X_0$ 同分布, 则称 X 为**莱维过程**.

我们之前所学的布朗运动即是一个典型的莱维过程. 下面再给出一些莱维过程的例子.

例 6.1.1　设 $B = (B_t)_{t \geqslant 0}$ 是标准布朗运动, $T_s = \inf\{t : B_t = s\}$. 由于布朗运动具有强马尔可夫性, 故 $T = (T_s)_{s \geqslant 0}$ 具有独立平稳增量, 因此 T 是莱维过程. 注意到这个莱维过程并不是高斯过程. 利用反射原理, 可知 T_s 的密度函数为

$$f_s(x) = \frac{s}{x^{\frac{3}{2}} \sqrt{2\pi}} \mathrm{e}^{-\frac{s^2}{2x}}, \ 0 < x < \infty.$$

由于莱维过程仅仅是对过程的增量进行限制, 故其很多性质并不是显然的.

命题 6.1.1　对于一个右连左极的莱维过程 $X = (X_t)_{t \geqslant 0}$, 对于任意 t, $P(\Delta X_t \neq 0) = 0$, 这里 $\Delta X_t = X_t - X_{t-}$, $X_{t-} = \lim\limits_{s \uparrow t} X_s$.

证明:　由于 $\Delta X_t = \lim\limits_{s \uparrow t}(X_t - X_s)$, 莱维过程具有平稳增量性质, ΔX_t 的分布与 t 无关, 故 $P(\Delta X_t \neq 0)$ 的值与 t 无关. 又由于一个右连左极过程至多有可列个间断点, 故只可能有 $P(\Delta X_t \neq 0) = 0$, 否则会产生矛盾. ∎

正是由于莱维过程的增量性质, 还可以有如下讨论.

设 $X = (X_t)_{t \geqslant 0}$ 是一个莱维过程, 此时 $X_1 = \sum\limits_{j=1}^{n} Y_{j,n}$, $Y_{j,n} = X_{\frac{j}{n}} - X_{\frac{j-1}{n}}$. 由于 X 具有独立平稳增量, 故 $\{Y_{j,n}\}_{j \geqslant 1}$ 是独立同分布的. 我们往往把 X_1 具有的分布称为无穷可分分布. 事实上, 由于无穷可分性, 莱维过程的分布具有特殊的形式. 我们不加证

明地给出下面的定理. 该定理刻画了莱维过程的分布, 有时候也称之为**莱维 – 辛钦表示定理**.

定理 6.1.1 设 $X = (X_t)_{t \geqslant 0}$ 是 $(\Omega, \mathcal{F}, P)$ 上的莱维过程, 则 X 的特征函数为

$$E[\exp\{iuX_t\}] = \exp\left\{iub_t - \frac{u^2}{2}c_t + \int_{\mathbb{R}}(\exp\{iux\} - 1 - iuh(x))\,dF_t(x)\right\},$$

这里 $(b_t)_{t \geqslant 0}, (c_t)_{t \geqslant 0}$ 是关于 t 的确定性函数, F_t 是关于 t 的测度, $h(x) = x\mathbf{1}_{\{|x| \leqslant 1\}}$.

§6.2 泊 松 过 程

下面介绍一类十分重要的莱维过程 —— 泊松过程.

假设有一个过程, 令 $P(s)$ 为此过程在 $[t, t+s]$ 内至少有一次跳 [①] 的概率. 同时, 我们要求该过程是莱维过程, 且每次跳的幅度为 1. 由于该过程是莱维过程, 故 $P(s)$ 应与 t 无关, 假设

$$P(\Delta t) = \lambda \Delta t + o(\Delta t), \ \Delta t \downarrow 0.$$

令 X_t 为到时刻 t 时发生跳的次数. 令 $T = \inf\{t\colon X_t = 1\}$, 则

$$\begin{aligned}
P(T > t) &= \lim_{n \to \infty} \prod_{j=1}^{n} P\left(在\left[\frac{(j-1)t}{n}, \frac{jt}{n}\right]中无跳发生\right) \\
&= \lim_{n \to \infty}\left[1 - P\left(\frac{t}{n}\right)\right]^n \\
&= \lim_{n \to \infty}\left[1 - \frac{\lambda t}{n} + o\left(\frac{\lambda t}{n}\right)\right]^n \\
&= e^{-\lambda t},
\end{aligned}$$

这说明 T 具有指数分布 (参数为 λ).

设 $T_1, T_2, \cdots$ 为一列独立同分布的随机变量, 且 T_1 服从参数为 λ 的指数分布. 令 $\tau_n = T_1 + T_2 + \cdots + T_n$. 当 $\tau_n \leqslant t < \tau_{n+1}$ 时, 令 $X_t = n$. 通过上述方式定义的 $X = (X_t)_{t \geqslant 0}$, 有 $X_t = X_{t+} = \lim_{s \downarrow t} X_s$, $X_{t-} = \lim_{s \uparrow t} X_s$. 若 $t = \tau_n$, $X_t = X_{t-} + 1$. 同时, 可以看到 $X_{t+s} - X_s$ 具有泊松分布, 且

$$P(X_{t+s} - X_s = k) = e^{-\lambda t}\frac{(\lambda t)^k}{k!}.$$

记

$$g_k(t) = P(X_t = k).$$

在 $[t, t + \Delta t]$ 上, 有一次跳的概率是 $\lambda \Delta t + o(\Delta t)$, 即

$$P(X_{t+\Delta t} = k) = P(X_t = k-1)(\lambda \Delta t + o(\Delta t)) + P(X_t = k)(1 - \lambda \Delta t - o(\Delta t)).$$

[①] 对于随机过程 $X = (X_t)_{t \geqslant 0}$, 当 $\Delta X_t \neq 0$ 时, 称随机过程在 t 处有**跳**发生, t 为跳跃时刻.

因此

$$g_k(t + \Delta t) - g_k(t) = \lambda \Delta t[g_{k-1}(t) - g_k(t)] + o(\Delta t),$$

于是

$$\frac{\mathrm{d}g_k(t)}{\mathrm{d}t} = \lambda[g_{k-1}(t) - g_k(t)].$$

解这个方程, 便有

$$g_k(t) = \mathrm{e}^{-\lambda t} \frac{(\lambda t)^k}{k!}.$$

从上面的讨论, 可以看到 $X = (X_t)$ 本质上就是一开始讨论的莱维过程. 我们称这样的过程为泊松过程或泊松点过程, 通常用 N 来表示.

定义 6.2.1 设 $N = (N_t)_{t \geqslant 0}$ 是 $(\Omega, \mathcal{F}, P)$ 上的一个随机过程, 满足

(1) $N_0 = 0$, $N_t \geqslant 0$ 且 N_t 只可能取非负整数值;

(2) $N_t - N_s$ 与 N_s 独立, $t > s$;

(3) $N_t - N_s$ 与 N_{t-s} 同分布, 且 $P(N_t = k) = \dfrac{(\lambda t)^k}{k!} \mathrm{e}^{-\lambda t}$,

则称 $N = (N_t)_{t \geqslant 0}$ 是一个**泊松过程** 或**参数为 λ 的泊松过程**.

通过泊松分布的数字特征, 有

命题 6.2.1 $E[N_t] = \lambda t$, $E[(N_t - E[N_t])^2] = \lambda t$.

不仅如此, 还可以看到

命题 6.2.2 $P(N_{t+\Delta t} - N_t \geqslant 2) = o(\Delta t)$.

证明: $P(N_{t+\Delta t} - N_t \geqslant 2) = P(N_{\Delta t} \geqslant 2)$

$$= \sum_{n=2}^{\infty} \mathrm{e}^{-\lambda \Delta t} \frac{(-\lambda \Delta t)^n}{n!}$$

$$= o(\Delta t). \qquad \blacksquare$$

命题 6.2.3 $(N_t - \lambda t)_{t \geqslant 0}$ 是鞅.

证明: 设 $\mathcal{F}_t = \sigma(N_r : 0 \leqslant r \leqslant t)$. 对于 $0 \leqslant s < t$,

$$E[(N_t - \lambda t) \mid \mathcal{F}_s] = E[(N_t - N_s + N_s - \lambda t) \mid \mathcal{F}_s]$$

$$= E[N_t - N_s - \lambda(s - t)] + N_s - \lambda s$$

$$= N_s - \lambda s,$$

故 $(N_t - \lambda t)_{t \geqslant 0}$ 是 $(\Omega, \mathcal{F}, \{\mathcal{F}_t\}_{t \geqslant 0}, P)$ 上的鞅. $\qquad \blacksquare$

泊松过程往往可以描述一个顾客服务系统. 前面的讨论中 T_n 实际上可认为是第 $n-1$ 个顾客和第 n 个顾客到达时刻的时间间隔. τ_n 即第 n 个顾客的到达时刻, 其密度函数为

$$P_{\tau_n}(t) = \frac{\lambda^n t^{n-1}}{(n-1)!} \mathrm{e}^{-\lambda t}, \; t > 0.$$

事实上, 由于 $\tau_n > t$, 可有 $N_t \leqslant n-1$. 因此

$$P(\tau_n > t) = P(N_t \leqslant n-1)$$
$$= \sum_{K=0}^{n-1} P(N_t = K)$$
$$= \sum_{K=0}^{n-1} \frac{(\lambda t)^K}{K!} e^{-\lambda t}.$$

故

$$P(\tau_n \leqslant t) = 1 - \sum_{K=0}^{n-1} \frac{(\lambda t)^K}{K!} e^{-\lambda t}.$$

通过求导可有

$$P_{\tau_n}(t) = \frac{\lambda_n t^{n-1}}{(n-1)!} e^{-\lambda t}, \ t > 0.$$

由于泊松过程具有独立平稳增量性质, 显然这是一个马尔可夫过程. 马尔可夫过程往往可以通过生成元去刻画. 回顾之前的介绍, 对函数 f, 算子 L 为无穷小生成元:

$$Lf(x) = \lim_{t \downarrow 0} \frac{E[f(N_{t+s})|N_s = x] - f(x)}{t},$$

当然, 这里 x 只取非负整值. 当 t 足够小时,

$$P(N_{t+s} = N_s + 1) = 1 - P(N_{t+s} = N_s) = \lambda t.$$

因此

$$E[f(N_{t+s}) \mid N_s = x] = \lambda t f(x+1) + (1 - \lambda t) f(x) + o(t).$$

于是

$$Lf(x) = \lambda[f(x+1) - f(x)].$$

这里我们没有给出对 f 的限制, 在下文的叙述中, 关于 f 的具体要求可参考 [4].

§6.3 复合泊松过程

设 $T_1, T_2, \cdots$ 是一列独立同分布的随机变量, 且服从参数为 λ 的指数分布. 令 $N_t = n$, 当 $T_1 + T_2 + \cdots + T_n \leqslant t < T_1 + T_2 + \cdots + T_{n+1}$ 时, $N = (N_t)_{t \geqslant 0}$ 是参数为 λ 的泊松过程. 又设 $Y_1, Y_2, \cdots$ 是独立同分布的随机变量, 且 $\{Y_1, Y_2, \cdots\}$ 与 $\{T_1, T_2, \cdots\}$ 独立. 设 Y_1 的分布函数为 F, $S_n = Y_1 + Y_2 + \cdots + Y_n$, 定义复合泊松过程如下:

定义 6.3.1 令 $X_t = S_{N_t}$, 则称 $X = (X_t)_{t \geqslant 0}$ 为**复合泊松过程**.

泊松过程与复合泊松过程之间的联系可通过随机测度来体现. 令

$$\mu(\mathrm{d}t, \mathrm{d}x) = \sum_{n \geqslant 1} \varepsilon_{(T_n, 1)}(\mathrm{d}t, \mathrm{d}x),$$

这里 $\{T_n - T_{n-1}\}$ 是一列独立的服从参数为 λ 的指数分布的随机变量. 如果 T_n 代表的是跳跃时刻, 那么 $T_i - T_{i-1}$ 独立且共同服从参数为 λ 的指数分布.

$$\int_0^t \int_{\mathbb{R}} x\, \mu(\mathrm{d}s, \mathrm{d}x) = \int_0^t \int_{\mathbb{R}} \sum_{n \geqslant 1} x\, \varepsilon_{(T_n, 1)}(\mathrm{d}s, \mathrm{d}x),$$

$\varepsilon_{(T_n, 1)}(\mathrm{d}t, \mathrm{d}x)$ 为 $\delta-$测度. 此时 $\int_0^t \int_{\mathbb{R}} x\, \mu(\mathrm{d}s, \mathrm{d}x)$ 为一个泊松过程.

定义随机测度

$$\widetilde{\mu}(\mathrm{d}t, \mathrm{d}x) = \sum_{n \geqslant 1}^{\infty} \varepsilon_{(T_n, Y_n)}(\mathrm{d}t, \mathrm{d}x),$$

$(T_n)_{n \geqslant 1}$ 同上, $(Y_n)_{n \geqslant 1}$ 是一个独立同分布的随机变量, 分布函数为 $F(x)$, $(Y_n)_{n \geqslant 1}$ 与 $(T_n)_{n \geqslant 1}$ 独立. 这时

$$\int_0^t \int_{\mathbb{R}} x\, \widetilde{\mu}(\mathrm{d}s, \mathrm{d}x) = S_{N_t} = X_t.$$

我们能从随机测度 μ 与 $\widetilde{\mu}$ 的区别看出泊松过程与复合泊松过程之间的联系.

下面介绍 $X = (X_t)_{t \geqslant 0}$ 的一个非常重要的指标 —— 莱维测度. 令 $B \in \mathcal{B}$, $P(Y_1 \in B) = \nu^{\#}(B)$, 显然 $\nu^{\#}$ 是 $\mathbb{R}$ 上的一个概率测度. 令

$$\nu = \lambda \nu^{\#}, \ \nu(\mathbb{R}) = \lambda,$$

这里称 ν 为复合泊松过程的莱维测度.

我们知道, 对于连续局部鞅 M 和函数 $f \in C^2$, $f(M)$ 不一定是局部鞅, 但是由伊藤公式可知

$$f(M) - \frac{1}{2} f''(M) \cdot \langle M, M \rangle$$

是局部鞅. 前面已经知道, 若 N 是参数为 λ 的泊松过程, 则 $\widetilde{N} = (N_t - \lambda t)$ 是鞅. 人们还想知道 $f(\widetilde{N})$ 是不是鞅? $f(\widetilde{N})$ 减去一个怎样的过程是局部鞅? 这里需要涉及带跳局部鞅的伊藤公式, 那么就需要定义带跳局部鞅的伊藤积分, 有关这部分的内容是非常复杂的, 本书不打算涉及这一部分. 事实上, 当 M 是马尔可夫过程时, 伊藤公式与马尔可夫过程的生成元密切相关. 我们尝试使用生成元来解释 $f(\widetilde{N})$ 减去一个怎样的过程会变成局部鞅. 在这个过程中, 离不开莱维测度.

我们先讨论一些关于莱维测度的性质, 这里涉及特征函数, 引入如下记号.

若 X 是随机变量, 设 $E[\mathrm{e}^{\mathrm{i}sX}] = \mathrm{e}^{\Phi(s)}$, $\Phi(0) = 0$. 对于 $\Phi(s)$, 有时为强调 X, 记为 $\Phi_X(s)$. 若 X 与 Y 独立, 则有 $\Phi_{X+Y} = \Phi_X + \Phi_Y$.

若 $X \sim N(m, \sigma^2)$, 则 $\Phi_X(s) = \mathrm{i}ms - \frac{\sigma^2}{2} s^2$.

若 Y 服从参数为 λ 的泊松分布, 则

$$\begin{aligned}
E[\mathrm{e}^{\mathrm{i}sY}] &= \sum_{n=0}^{\infty} \mathrm{e}^{\mathrm{i}sn} P(Y = n) \\
&= \sum_{n=0}^{\infty} \frac{(\lambda \mathrm{e}^{\mathrm{i}s})^n}{n!} \mathrm{e}^{-\lambda} = \mathrm{e}^{\lambda \mathrm{e}^{\mathrm{i}s}} \mathrm{e}^{-\lambda}.
\end{aligned}$$

所以

$$\Phi_Y(s) = \lambda(\mathrm{e}^{\mathrm{i}s} - 1).$$

命题 6.3.1　设 $X = (X_t)_{t \geqslant 0}$ 是莱维测度为 ν 的复合泊松过程, 则对于 X_1,

$$\Phi_{X_1}(s) = \int_{-\infty}^{\infty} (\mathrm{e}^{\mathrm{i}sx} - 1)\, \mathrm{d}\nu(x).$$

证明: 令

$$\phi(s) = E[\mathrm{e}^{\mathrm{i}sY_j}] = \int_{-\infty}^{\infty} \mathrm{e}^{\mathrm{i}sx}\, \mathrm{d}\nu^{\#}(x).$$

对于 X_t,

$$E[\mathrm{e}^{\mathrm{i}sX_t}] = \sum_{n=0}^{\infty} P(N_t = n)E[\mathrm{e}^{\mathrm{i}sX_t} \mid N_t = n].$$

注意到

$$E[\mathrm{e}^{\mathrm{i}sX_t} | N_t = n] = [\phi(s)]^n,$$

故

$$
\begin{aligned}
E[\mathrm{e}^{\mathrm{i}sX_t}] &= \sum_{n=0}^{\infty} \mathrm{e}^{-t\lambda} \frac{(t\lambda)^n}{n!} [\phi(s)]^n \\
&= \mathrm{e}^{-t\lambda} \sum_{n=0}^{\infty} \frac{[t\lambda\phi(s)]^n}{n!} = \exp\{t\lambda[\phi(s) - 1]\} \\
&= \exp\left\{ t\lambda \int_{-\infty}^{\infty} (\mathrm{e}^{\mathrm{i}sx} - 1)\, \mathrm{d}\nu^{\#}(x) \right\} \\
&= \exp\left\{ t \int_{-\infty}^{\infty} (\mathrm{e}^{\mathrm{i}sx} - 1)\, \mathrm{d}\nu(x) \right\}.
\end{aligned}
$$

得证.　　　　　　　　　　　　　　　　　　　　　　　　　　　■

下面我们求复合泊松过程的生成元.

定理 6.3.1　设 $X = (X_t)_{t \geqslant 0}$ 是莱维测度为 ν 的复合泊松过程, $X_0 = 0$, 则 X 的生成元为

$$Lf(x) = \int_{-\infty}^{\infty} [f(x + y) - f(x)]\, \mathrm{d}\nu(y).$$

进一步, 设 $\sigma^2 = \int x^2\, \mathrm{d}\nu(x)$, $m = \int x\, \mathrm{d}\nu(x)$. 令 $M_t = X_t - tm$, $M = (M_t)_{t \geqslant 0}$ 是平方可积鞅, 且 $\mathrm{Var}[M_t] = t\sigma^2$.

证明[4]: 由于 $X = (X_t)_{t \geqslant 0}$ 是复合泊松过程, 设 $X_t = S_{N_t}$. $(N_t)_{t \geqslant 0}$ 是参数为 λ 的泊松过程. 由于泊松过程在一个小区间内, 有

$$P(N_{t+\Delta t} - N_t \geqslant 2) = o(\Delta t),$$

故由马尔可夫性,

$$E[f(X_{\Delta t})|X_0 = x]$$

$$= (1 - \lambda \Delta t)f(x) + \lambda \Delta t \int_{-\infty}^{\infty} f(x+y)\, \mathrm{d}\nu^{\#}(y) + o(\Delta t)$$

$$= (1 - \lambda \Delta t)f(x) + \Delta t \int_{-\infty}^{\infty} f(x+y)\, \mathrm{d}\nu(y) + o(\Delta t)$$

$$= f(x) + \Delta t \int_{-\infty}^{\infty} [f(x+y) - f(x)]\, \mathrm{d}\nu(y) + o(\Delta t).$$

于是

$$Lf(x) = \lim_{\Delta t \to 0} \frac{E[f(X_{\Delta t}) \mid X_0 = x] - f(x)}{\Delta t}$$

$$= \int_{-\infty}^{\infty} [f(x+y) - f(x)]\, \mathrm{d}\nu(y).$$

设 $\mathcal{F}_s = \sigma(X_r : 0 \leqslant r \leqslant s)$, 下证 $E[M_t \mid \mathcal{F}_s] = M_s, \ t > s$. 又

$$E[X_t \mid \mathcal{F}_s] = E[X_t - X_s + X_s \mid \mathcal{F}_s] = X_s + E[X_t - X_s].$$

因此需计算 $E[X_t - X_s]$. 由平稳增量性, 我们仅计算 $E[X_t]$.

设

$$\phi_{X_t}(s) = E[\mathrm{e}^{\mathrm{i}sX_t}] = \exp\{t\Phi_{X_1}(s)\}.$$

注意到

$$\Phi_{X_1}(0) = 0,$$

$$\phi'_{X_t}(0) = \mathrm{i}E[X_t] = t\Phi'_{X_1}(0),$$

故

$$E[X_t] = -\mathrm{i}t\Phi'_{X_1}(0), \quad \Phi'_{X_1}(s) = \mathrm{i} \int_{-\infty}^{\infty} \mathrm{e}^{\mathrm{i}sx} x\, \mathrm{d}\nu(x).$$

注意到

$$\Phi'_{X_1}(0) = \mathrm{i} \int_{-\infty}^{\infty} x\, \mathrm{d}\nu(x),$$

即

$$E[X_t] = tm, \ E[X_s] = sm.$$

于是当 $M_t = X_t - tm$ 时, $M = (M_t)_{t \geqslant 0}$ 是鞅. 进一步,

$$\mathrm{Var}[M_t] = \mathrm{Var}[X_t] = E[(X_t - E[X_t])^2] = E[X_t^2] - (E[X_t])^2.$$

现在计算 $E[X_t^2]$. 由于

$$\phi''_{X_t}(s) = [t\Phi'_{X_1}(s)]^2 \cdot \exp\{t\Phi_{X_1}(s)\} + t\Phi''_{X_1}(s) \cdot \exp\{t\Phi_{X_1}(s)\},$$

$$\phi''_{X_t}(0) = t\Phi''_{X_1}(0) + [t\Phi'_{X_1}(0)]^2 = -E[X_t^2],$$

$$\Phi''_{X_1}(0) = -\int_{-\infty}^{\infty} x^2\, \mathrm{d}\mu(x) = -\sigma^2,$$

故

$$E[X_t^2] = t\sigma^2 + t^2 m^2.$$

注意到 $E[X_t] = tm$, 于是

$$\mathrm{Var}(X_t) = t\sigma^2. \qquad \blacksquare$$

在上面的讨论中, 注意到 $(X_t - tm)_{t\geqslant 0}$ 是鞅, 这里 tm 是一个确定性的函数.

定义 6.3.2 若 X 是一个复合泊松过程, 其莱维测度为 ν. 记 $\int x\nu(\mathrm{d}x) < \infty$, 且 $m = \int x\nu(\mathrm{d}x)$, 称 $(X_t - mt)_{t\geqslant 0}$ 是与 X 相关的**补偿复合泊松过程**. 对于一个半鞅 $S = (S_t)_{t\geqslant 0}$, 若存在一个可料① 的有限变差过程 $(A_t)_{t\geqslant 0}$ 使得 $(S_t - A_t)_{t\geqslant 0}$ 是局部鞅, 则称 $A = (A_t)_{t\geqslant 0}$ 为 S 的**补偿子**.

例 6.3.1 设 $B = (B_t)_{t\geqslant 0}$ 是标准布朗运动, 则 $(B_t^2 - t)_{t\geqslant 0}$ 是鞅, 此时 t 是 B^2 的补偿子.

例 6.3.2 设 $M = (M_t)_{t\geqslant 0}$ 是连续局部鞅, 则 $(M_t^2 - \langle M, M\rangle_t)_{t\geqslant 0}$ 是局部鞅, 称 $\langle M, M\rangle$ 为 M^2 的补偿子.

例 6.3.3 设 N 是泊松过程, 参数为 λ, 则 $(N_t - \lambda t)_{t\geqslant 0}$ 是鞅, 称 λt 为 $(N_t)_{t\geqslant 0}$ 的补偿子.

例 6.3.4 设 X 是莱维测度为 ν 的复合泊松过程, 则 $\left(X_t - \int_{-\infty}^{\infty} x\,\mu(\mathrm{d}x)t\right)_{t\geqslant 0}$ 是鞅, 称 $\int_{-\infty}^{\infty} x\,\nu(\mathrm{d}x)t$ 是 X 的补偿子.

下面讨论上面提到的问题: 对于复合泊松过程 X, $f(x)$ 是连续函数, $f(X)$ 减去什么过程会变成一个鞅? 换句话说, $f(X)$ 的补偿子是什么?

定理 6.3.2 设 $X = (X_t)_{t\geqslant 0}$ 是莱维测度为 ν 的复合泊松过程, f 是连续函数, 且对任意 x 与 t, $E[f(X_t)^2 \mid X_0 = x] < \infty$. 则 $(f(X_t))_{t\geqslant 0}$ 的补偿子为 $\left(\int_0^t Lf(X_s)\,\mathrm{d}s\right)_{t\geqslant 0}$, 即 $f(X_t) - \int_0^t Lf(X_s)\,\mathrm{d}s$ 是鞅.

证明[4]: 考虑 $X_t = \sum_{i=1}^{N_t} \xi_i$, $X_t - X_s = \sum_{i=N_s+1}^{N_t} \xi_i$. 由于 N 具有独立平稳增量, 且 N 与 $\{\xi_1, \xi_2, \cdots\}$ 独立, 故 $X_t - X_s$ 与 $\sigma(X_r : 0 \leqslant r \leqslant s)$ 独立, 且 $X_t - X_s$ 与 X_{t-s} 同分布. 因此当 $t_2 > t_1$ 时,

$$E\left[f(X_{t_2}) - \int_0^{t_2} Lf(X_s)\,\mathrm{d}s \,\Big|\, \mathcal{F}_{t_1}\right]$$

$$= E\left[f(X_{t_2}) - f(X_{t_1}) + f(X_{t_1}) - \int_0^{t_1} Lf(X_s)\,\mathrm{d}s - \int_{t_1}^{t_2} Lf(X_s)\,\mathrm{d}s \,\Big|\, \mathcal{F}_{t_1}\right]$$

---

① 给定 $(\Omega, \mathcal{F}, \{\mathcal{F}_t\}_{t\geqslant 0}, P)$ 上适应的随机过程 $X = (X_t)_{t\geqslant 0}$, 作为 $\Omega \times \mathbb{R}_+$ 上的映射, 若 X 关于 $\sigma(Y : Y$ 是适应的连续函数$)$ 可测, 则称 X 是**可料**的.

$$= f(X_{t_1}) - \int_0^{t_1} Lf(X_s)\,\mathrm{d}s + E\left[f(X_{t_2}) - f(X_{t_1}) - \int_{t_1}^{t_2} Lf(X_s)\,\mathrm{d}s\right].$$

下面证明对于任意 t,

$$E\left[f(X_t) - f(X_0) - \int_0^t Lf(X_s)\,\mathrm{d}s\right] = 0.$$

事实上, 只考虑 $t = 1$ 即可. 由于

$$f(X_1) - f(X_0) - \int_0^1 Lf(X_s)\,\mathrm{d}s$$

$$= \sum_{j=1}^n \left[f(X_{\frac{j}{n}}) - f(X_{\frac{j-1}{n}}) - \int_{\frac{j-1}{n}}^{\frac{j}{n}} Lf(X_s)\,\mathrm{d}s\right]$$

$$= \sum_{j=1}^n \left[f(X_{\frac{j}{n}}) - f(X_{\frac{j-1}{n}}) - \frac{1}{n}Lf(X_{\frac{j-1}{n}})\right] +$$

$$\sum_{j=1}^n \left[\frac{1}{n}Lf(X_{\frac{j-1}{n}}) - \int_{\frac{j-1}{n}}^{\frac{j}{n}} Lf(X_s)\,\mathrm{d}s\right].$$

事实上, 由生成元的定义可知

$$E[f(X_{t+\Delta t}) \mid X_t] = f(X_t) + Lf(X_t)\Delta t + o(\Delta t).$$

故

$$E[f(X_{t+\Delta t}) - f(X_t) - Lf(X_t)\Delta t] = o(\Delta t).$$

因此

$$E\left[\sum_{j=1}^n \left(f(X_{\frac{j}{n}}) - f(X_{\frac{j-1}{n}}) - \frac{1}{n}Lf(X_{\frac{j-1}{n}})\right)\right] = E\left[\sum_{j=1}^n o\left(\frac{1}{n}\right)\right] \to 0.$$

下面证明

$$\lim_{n\to\infty} \sum_{j=1}^n E\left[\frac{1}{n}Lf(X_{\frac{j-1}{n}}) - \int_{\frac{j-1}{n}}^{\frac{j}{n}} Lf(X_s)\,\mathrm{d}s\right] = 0.$$

考虑

$$E\left[\frac{1}{n}Lf(X_{\frac{j-1}{n}}) - \int_{\frac{j-1}{n}}^{\frac{j}{n}} Lf(X_s)\,\mathrm{d}s\right].$$

当在 $\left[\dfrac{j-1}{n}, \dfrac{j}{n}\right]$ 中发生跳时, 上式不为 0, 此事件发生的概率为 $O\left(\dfrac{1}{n}\right)$. 这种情形下, $\dfrac{1}{n}Lf\left(X_{\frac{j-1}{n}}\right) - \displaystyle\int_{\frac{j-1}{n}}^{\frac{j}{n}} Lf(X_s)\,\mathrm{d}s$ 在局部化后可认为 $O\left(\dfrac{1}{n}\right)$. 故

$$E\left[\frac{1}{n}Lf(X_{\frac{j-1}{n}}) - \int_{\frac{j-1}{n}}^{\frac{j}{n}} Lf(X_s)\,\mathrm{d}s\right] = O\left(\frac{1}{n^2}\right).$$

因此

$$\sum_{j=1}^{n} E\left[\frac{1}{n}Lf(X_{\frac{j-1}{n}}) - \int_{\frac{j-1}{n}}^{\frac{j}{n}} Lf(X_s)\,\mathrm{d}s\right] = o(1).$$

于是

$$E\left[f(X_1) - f(X_0) - \int_0^1 Lf(X_s)\,\mathrm{d}s\right] = 0.$$

结合独立增量性, $\left(f(X_t) - \int_0^t Lf(X_s)\,\mathrm{d}s\right)_{t\geqslant0}$ 是鞅, $\left(\int_0^t Lf(X_s)\,\mathrm{d}s\right)_{t\geqslant0}$ 是 $(f(X_t))_{t\geqslant0}$ 的补偿子. ■

例 6.3.5 设 $X = (X_t)_{t\geqslant0}$ 是复合泊松过程, $X_t = \sum_{i=1}^{N_t} \xi_i$, N_t 是参数为 2 的泊松过程, $\xi_i \sim N(0,2), X_0 = 0$, 求:

(1) X 的莱维测度;

(2) $E[X_t]$;

(3) $E[X_t^2]$;

(4) $E[\mathrm{e}^{X_t}]$.

解: (1) ξ_i 的分布为 $\mu^{\#}(A) = \int_A \frac{1}{\sqrt{4\pi}}\mathrm{e}^{-\frac{x^2}{4}}\,\mathrm{d}x$, $A \in \mathcal{B}$, 故 X 的莱维测度 μ 定义如下: 对于 $A \in \mathcal{B}$,

$$\nu(A) = \int_A \frac{2}{\sqrt{4\pi}}\mathrm{e}^{-\frac{x^2}{4}}\,\mathrm{d}x = \frac{1}{\sqrt{\pi}}\int_A \mathrm{e}^{-\frac{x^2}{4}}\,\mathrm{d}x.$$

(2) $E[X_t] = t\int_{-\infty}^{\infty} x\,\nu(\mathrm{d}x) = t\int_{-\infty}^{\infty} x\frac{1}{\sqrt{\pi}}\mathrm{e}^{-\frac{x^2}{4}}\,\mathrm{d}x = 0.$

(3) $E[X_t^2] = t\int_{-\infty}^{\infty} x^2\,\nu(\mathrm{d}x) = t\int_{-\infty}^{\infty} x^2\frac{1}{\sqrt{\pi}}\mathrm{e}^{-\frac{x^2}{4}}\,\mathrm{d}x = 4t.$

(4) 令 $Z_t = \mathrm{e}^{X_t}$, 有

$$E[Z_{t+s} \mid \mathcal{F}_t] = E[Z_t\exp\{X_{t+s} - X_t\} \mid \mathcal{F}_t] = Z_t E[\exp\{X_{t+s} - X_t\}].$$

于是

$$E[Z_{t+s}] = E[Z_t]E[Z_s].$$

由于 $X_0 = 0$, 故 $Z_0 = 1$, 有 $E[Z_t] = \mathrm{e}^{g(t)}$, 其中 $g(t)$ 为一实值函数. 下面求 g. 令 $g(x) = \mathrm{e}^x$, 由 $E[Z_t]$ 的形式,

$$g = \lim_{s\downarrow0} \frac{E[g(X_s)] - E[g(X_0)]}{s} = Lg(0).$$

X 的生成元为

$$Lg(x) = \int_{-\infty}^{\infty} [g(x+y) - g(x)]\,\nu(\mathrm{d}y).$$

故

$$Lg(0) = \int_{-\infty}^{\infty} (e^y - 1)\,\nu(\mathrm{d}y)$$
$$= \int_{-\infty}^{\infty} (e^y - 1)\frac{1}{\pi} e^{-\frac{y^2}{4}}\,\mathrm{d}y = 2(e-1).$$

因此

$$E[Z_t] = e^{2(e-1)t}. \qquad \blacksquare$$

上面的讨论中, 关于复合泊松过程的讨论主要围绕鞅性展开. 关于补偿复合泊松过程的鞅性, 有如下结论.

定理 6.3.3 设 X 是复合泊松过程, ν 是 X 的莱维测度, 且

$$\sigma^2 = \int x^2\,\nu(\mathrm{d}x) < \infty, \; m = \int x\,\nu(\mathrm{d}x).$$

又设 $M_t = X_t - mt$, $A = (A_t)_{t\geqslant 0}$ 是关于流 $\{\mathcal{F}_t\}_{t\geqslant 0}$ 适应的随机过程. $\mathcal{F}_t = \sigma(X_s : 0 \leqslant s \leqslant t)$, 且 $A_t = A_{t-}$, $\int_0^\infty E[A_s^2]\,\mathrm{d}s < \infty$. 关于 M 作勒贝格 – 斯蒂尔切斯积分 $Z_t = \int_0^t A_s\,\mathrm{d}M_s$, 则 $Z = (Z_t)_{t\geqslant 0}$ 是鞅, 且 $E[Z_t^2] = \sigma^2 \int_0^t E[A_s^2]\,\mathrm{d}s$.

证明: 首先假设 $A = (A_t)_{t\geqslant 0}$ 是简单过程:

$$A = \sum_{i=0}^{\infty} Y_{\frac{i}{n}} \mathbf{1}_{\left(\frac{i}{n}, \frac{i+1}{n}\right]}, \; Y_{\frac{i}{n}} \text{ 关于 } \mathcal{F}_{\frac{i}{n}} \text{ 可测.}$$

因此对于所有 t, 当 $\dfrac{j}{n} \leqslant t < \dfrac{j+1}{n}$ 时,

$$Z_t = \sum_{i=0}^{j-1} A_{\frac{i}{n}}(M_{\frac{i+1}{n}} - M_{\frac{i}{n}}) + A_{\frac{j}{n}}(M_t - M_{\frac{j}{n}}).$$

显然, $Z = (Z_t)_{t\geqslant 0}$ 是鞅, 且 $E[Z_t^2] = E\left[\int_0^t A_s^2\,\mathrm{d}s\right] \cdot \sigma^2$. 对于左连续过程 A, 存在一列简单过程 $\{A^n\}$, 使得 A_t^n 收敛至 A_t. 利用局部化技巧及控制收敛定理, 可知 $\int_0^t A_s^n\,\mathrm{d}M_s$ 依概率收敛于 $\int_0^t A_s\,\mathrm{d}M_s$. $\left(\int_0^t A_s\,\mathrm{d}M_s\right)_{t\geqslant 0}$ 的鞅性与方差的计算可由 L^2 收敛保证. $\blacksquare$

习　题　6

1. 给出参数为 λ 的泊松过程的莱维测度.

2. 设 $N = (N_t)_{t\geqslant 0}$ 是参数为 3 的泊松过程, 求:

(1) $P(N_3 > N_1 + 3 | Y_1 = 2)$;

(2) $P(N_1 = 1 | N_3 = 4)$.

3. 设 $N = (N_t)_{t \geqslant 0}$ 是带流概率空间 $(\Omega, \mathcal{F}, \{\mathcal{F}_t\}_{t \geqslant 0}, P)$ 上的参数为 2 的泊松过程, $\xi_1, \xi_2, \cdots$ 是一列独立同分布的随机变量, 且

$$P(\xi_1 = 1) = P(\xi_1 = -1) = \frac{1}{2}.$$

定义 X 如下:

$$X_0 = 0, \quad X_t = \sum_{i=1}^{N_t} \xi_i.$$

(1) 求 X 的莱维测度;

(2) 求 X 的生成元;

(3) 求关于 X 的补偿泊松过程;

(4) 令 $Z_t = \exp\{X_t\}$, 求 $Z = (Z_t)_{t \geqslant 0}$ 的补偿子.

4. 设 $N = (N_t)_{t \geqslant 0}$ 是带流概率空间 $(\Omega, \mathcal{F}, \{\mathcal{F}_t\}_{t \geqslant 0}, P)$ 上的参数为 2 的泊松过程, $\xi_1, \xi_2, \cdots$ 是一列独立同分布的随机变量, 且服从 $\left[-\frac{1}{2}, \frac{1}{2}\right]$ 上的均匀分布. 定义 X 如下:

$$X_0 = 0, \quad X_t = \sum_{i=1}^{N_t} \xi_i.$$

(1) 求 X 的莱维测度;

(2) 求 $E[X_t^2]$;

(3) 求 X_1 的特征函数;

(4) 求 $S = (S_t)_{t \geqslant 0}$, 使得 $(X_t^2 - S_t)_{t \geqslant 0}$ 是鞅;

(5) 令 $Z_t = \exp\{X_t\}$, 求 $A = (A_t)_{t \geqslant 0}$, 使得 $(Z_t A_t)_{t \geqslant 0}$ 是鞅.

部分习题参考答案

参 考 文 献

[1] CSORGO M, REVESZ P. Strong approximations in probability and statistics[M]. New York: Academic Press, 1981.

[2] HALMOS P R. Measure theory[M]. New York: Springer, 1974.

[3] JACOD J, SHIRYAEV A N. Limit theorems for stochastic processes[M]. 2nd ed. New York: Springer, 2002.

[4] LAWLER G F. Introduction to stochastic calculus with applications[M]. Boca Raton: CRC Press, 2021.

[5] 林正炎, 陆传荣, 苏中根. 概率极限理论基础[M]. 2 版. 北京: 高等教育出版社, 2015.

[6] LE GALL J F. Brownian motion, martingales, and stochastic calculus[M]. Berlin: Springer, 2016.

[7] 钱忠民, 应坚刚. 随机分析引论 [M]. 上海: 复旦大学出版社, 2017.

[8] REVUZ D, YOR M. Continuous martingales and Brownian motion[M]. 3rd ed. New York: Springer, 2010.

[9] 汪嘉冈. 现代概率论基础 [M]. 2 版. 上海: 复旦大学出版社, 2005.

[10] 严加安. 测度论讲义 [M]. 2 版. 北京: 科学出版社, 2004.

[11] 严士健, 刘秀芳. 测度与概率 [M]. 2 版. 北京: 北京师范大学出版社, 2020.

[12] 应坚刚, 金蒙伟. 随机过程基础 [M]. 2 版. 上海: 复旦大学出版社, 2017.

郑重声明

高等教育出版社依法对本书享有专有出版权。任何未经许可的复制、销售行为均违反《中华人民共和国著作权法》，其行为人将承担相应的民事责任和行政责任；构成犯罪的，将被依法追究刑事责任。为了维护市场秩序，保护读者的合法权益，避免读者误用盗版书造成不良后果，我社将配合行政执法部门和司法机关对违法犯罪的单位和个人进行严厉打击。社会各界人士如发现上述侵权行为，希望及时举报，本社将奖励举报有功人员。

反盗版举报电话　（010）58581999　58582371　58582488
反盗版举报传真　（010）82086060
反盗版举报邮箱　dd@hep.com.cn
通信地址　北京市西城区德外大街 4 号
　　　　　高等教育出版社法律事务与版权管理部
邮政编码　100120

防伪查询说明

用户购书后刮开封底防伪涂层，利用手机微信等软件扫描二维码，会跳转至防伪查询网页，获得所购图书详细信息。用户也可将防伪二维码下的 20 位密码按从左到右、从上到下的顺序发送短信至 106695881280，免费查询所购图书真伪。

反盗版短信举报

编辑短信"JB，图书名称，出版社，购买地点"发送至 10669588128

防伪客服电话

（010）58582300